连接更多书与书，书与人，人与人。

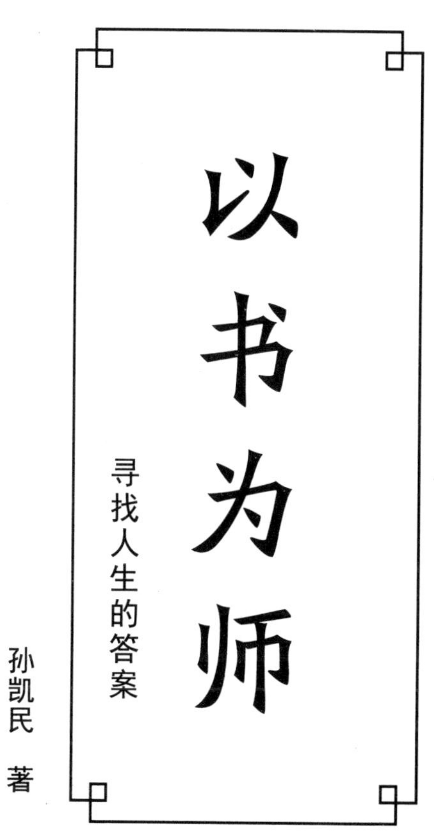

以书为师

寻找人生的答案

孙凯民 著

当代世界出版社

图书在版编目（CIP）数据

以书为师：寻找人生的答案 / 孙凯民著. — 北京：当代世界出版社，2019.9

ISBN 978-7-5090-1487-5

Ⅰ. ①以… Ⅱ. ①孙… Ⅲ. ①人生哲学—通俗读物 Ⅳ. ①B821-49

中国版本图书馆 CIP 数据核字（2019）第 041872 号

以书为师：寻找人生的答案

作　　者： 孙凯民
出版发行： 当代世界出版社
地　　址： 北京市复兴路 4 号（100860）
网　　址： http://www.worldpress.org.cn
编务电话： （010）83908456
发行电话： （010）83908409
（010）83908377
（010）83908423（邮购）
（010）83908410（传真）
经　　销： 全国新华书店
印　　刷： 北京欣睿虹彩印刷有限公司
开　　本： 889mm×1194mm　1/32
印　　张： 9.75
字　　数： 145 千字
版　　次： 2019 年 9 月第 1 版
印　　次： 2019 年 9 月第 1 次印刷
书　　号： ISBN 978-7-5090-1487-5
定　　价： 45.00 元

闲暇时，取古人快意文章，朗朗读之，则心神超逸，须眉开张。

——《小窗幽记》

卷首语

《菜根谭》这本书，闻名已久，有一天终于买了回来，搁置在书房，也不知道蒙尘了多少时间，直到四十岁这一年，翻开来看看，才把书的内容看进去，才知道里面的含义和蕴味。原来看懂一本书，不仅需要缘分，还需要时间。写这本书的时候，常停笔傻傻地思索，用沉甸甸的时间，把经历砸进书里，再把思想抽取出来。

我在四十岁的时候才看懂《菜根谭》，那么看懂本书的读者又会是几岁呢？

看完《菜根谭》，然后查阅同类古文，如：《围炉夜话》《小窗幽记》《增广贤文》，甚至是《反菜根谭》，自己在研读的过程中，完全是一次洗心的过程，收获良多，这一过程中，思及独乐乐不如众乐乐，于是将其中的精华一一提取出来，特别是有助于现代人快乐生活的内容，然后汇编注解成本书，希望现代人从西方心理学中寻找快乐人生答案的同时，还能知道中国古代文人学者从儒释道角度给出的答案。

西方心理学调解人的心情多从工具方法着手，中国古代文化则从思想观念着手，各有所长，可以互补。

《菜根谭》这类书，与其说是拿来看的，不如说是拿来咀嚼的，咀嚼几分，受益几分，可以边咀嚼书中内容，边品尝自己的人生。

写这本书的过程，对每一个语句进行品析甄选，查阅、对比、注解、引申，先粗选、再精选，汇编成册后，先手书、再机打，这样的反复过程，其实也是一个反复修心的过程。本书没有对每一个古字词都注释得清清楚楚，为的是留一点点思考查阅的空间给读者。

事实上我在研读相关读本时，不会特别详细去看译者的注解和引申的内容，那是别人的，我尽量用自己的修行体会和人生经验去理解审辨原文的含义和古人想表达的思想，取其古今彼此内心真实世界的共鸣之处着笔。

本书完全是拾人牙慧，为有需要的有缘人抄古人文章，如有不足之处，敬请不吝指正。

孙凯民

前　言

本书内容捡择于《菜根谭》《围炉夜话》《小窗幽记》《反菜根谭》和《增广贤文》。

《增广贤文》，又名《昔时贤文》《古今贤文》，作者不明，是明代时期编写的儿童启蒙书目，《增广贤文》集结中国从古到今的各种格言、谚语。后来，明、清两代文人有过增补，也称《增广昔时贤文》，《增广贤文》的内容通俗易懂，语句读起来朗朗上口，老人小孩听了都会念。

《菜根谭》是明代还初道人洪应明所著的一部论述修身处世、待人接物的文集，书中糅合了儒家的中庸思想、道家的无为思想和佛家出世思想的人生处世哲学，内容极具文人气息，语句对仗工整，如诗如画，讲究意境，需要一定的文学修养才容易看懂。不过，语句为了相对呼应和追求辞章的优美语境，表达的思想让人感觉有以偏概全之嫌，看的时候需要理解这未必是作者的本意，作者只是提供了一个看问题的角度，说的是相对真理，而不是绝对真理，许多内容只适合一时一境一人，相关书籍也如是看待才好。

因为《菜根谭》的不足，清末民初归终居士著的《反菜根谭》就显现了作者挑剔的个性，针对《菜根谭》的争议之处，从不同角度，或干脆从反方向去表述为人处世的道理，其实两者表达的都有道理，只是切入的角度不一样，实际运用的场景不同而已，可以说《反菜根谭》是《菜根谭》的有益补充。

明代陈继儒的《小窗幽记》和清代宜山先生王永彬的《围炉夜话》因为有《菜根谭》这颗珠玉在前，内容有些类同，语言优美程度不及，但仍不失精彩可取之处。

本书内容分苦、集、灭、道四卷。

苦，是人生中的种种不好，包括痛苦、烦恼和压力。

集，是种种不好背后的原因，比如痛苦、烦恼和压力的原因所在。

灭，是缓解和消除种种不好，比如不再有那么多的痛苦、烦恼和压力。

道，是缓解和消除种种不好的办法，比如缓解和消除痛苦、烦恼和压力的办法。

有些内容兼具苦、集、灭、道中多个要素，笔者随意取其一而归类汇编。

如果阅读本书内容能有些许的感悟，建议读者有机会一定要去看看原著，收获会更大。

孙凯民

【目　录 | *Contents*】

卷一 苦

一

世人为荣利缠缚，动曰："尘世苦海。"不知云白山青，川行石立，花迎鸟笑，谷答樵讴，世亦不尘，海亦不苦，彼自尘苦其心尔。

——《菜根谭》

【意译】

世人被荣华利禄所束缚，动不动就说滚滚红尘是茫茫苦海。却不知白云悠悠山色青青，山川蜿蜒岩石耸立，花儿送迎鸟儿笑鸣，幽谷回应樵夫歌唱。其实世上没有那么多纷扰，人世间也没有那么多痛苦和烦恼，只是世人自己心中萌生出纷扰烦忧而已。

【札记】

识得红尘真面孔，始明处处是净土。

心净则国土净，当感觉某人某物脏或臭时，一定是内心不够清净，有了垢染。比如，觉得便后的马桶很脏，那是因为心中有脏的标准脏的念想，外物在心中显现出脏的样子。如果是三岁小儿，没有后天香臭的概念区别，再脏的马桶看在眼里也只是一个马桶而已。心为何不清净？无他，因有分别心。

人心如一块明净的镜子，镜内是我们所看到的世界，镜外是我们，我们是通过镜子看世界，镜子里看到什么，取决于我们的心念，比如一个玩具熊，开心时看它很可爱，不开心时看它就想拿它出气。世界的变化是基于我们心相的改变，但心的本体从未改变过，如镜子般竖立在那里，永远的明亮洁净。

二

树木至归根，而后知华萼枝叶之徒劳；

人事至盖棺，而后知子女云帛之无益。

——《菜根谭》

【意译】

树木到了枯萎的时候，才知道茂盛的枝叶、艳丽的花朵只不过是一时的存在；

人到临死入棺的时候，才知道儿孙满堂、钱财名利都没有什么用处。

【札记】

灿烂芳华只在刹那，儿孙富贵何如擦肩。

三

心旷，则万钟如瓦缶；

心隘，则一发似车轮。

——《菜根谭》

【意译】

心胸开阔，看到巨大的财富都如瓦罐一样不值钱；

心胸狭隘，那么一根头发也会看得像车轮一样大。

【札记】

心量定格局，格局定事业。

四

狐眠败砌，兔走荒台，尽是当年歌舞之地；

露冷黄花，烟迷衰草，悉属旧时争战之场。

盛衰何常？强弱安在？念此，令人心灰！

——《菜根谭》

【意译】

狐狸居住的残墙破壁，兔子出没的荒废亭台，都是当年歌舞升平、热闹繁华的地方；寒露打湿遍地的黄花，轻烟弥漫的荒川衰草，都是曾经金戈铁马的争战之地。繁华衰败变化何其无常，强弱胜负如今又在哪里？想到这里，实在是心灰意冷！

【札记】

昔日辉煌归昔日，明日黄花明日黄。

从老年回头看少年，争强好胜心立灭；

从没落回头看浮荣，纷华奢侈心顿绝。

五

乐即是苦，苦即是乐，带些不足，安知非福。何也？

恣口体，极耳目，与物矍铄，未必非乐，久而失之，则百苦丛生。

隳形骸，泯心智，不与物伍，未必非苦，久而去之，则百乐转出。

——《反菜根谭》

【意译】

快乐即是苦，苦即是快乐，人生有一些不圆满，也许这也算一种好事，为什么？

纵情吃喝和肉体上的享受，迷恋光影与声音，花费在物质上未必不是一种快乐，只是时间长了，则各种苦因此产生。

不执着于自己的肉身，减省心智的使用，不沉沦于物欲，未必就是一种苦，时间长了，则各种快乐的境界都能够体验到。

【札记】

纵欲恋物是造业，经受苦难可消业；

消业使心灵纯净，心净则能得快乐。

六

贫贱是苦事，能善处者自乐，故颜子箪食瓢饮，不改其乐。

富贵是乐境，不善处者更苦，故太白玉盘珍馐[①]，难以下咽。

——《反菜根谭》

【意译】

贫穷下贱确实很苦，在这种情况能很好面对的人有着自己的快乐，所以说孔子的弟子颜回每天吃的喝的很少很简单，仍然快快乐乐地活着。

荣华富贵是一种快乐，可在这种情况下不善于面对的人却有比过着贫苦下贱日子的人有更多痛苦，所以说诗仙李白曾经面对美味佳肴也难以下咽。

【札记】

贫贱时感叹悲苦，富贵时强颜欢笑，都是因为不明白孔氏的素位而行、释氏的随缘之理。

---

① 玉盘珍馐：指美味佳肴。

七

父母恩深终有别，夫妻义重也分离；

人生似鸟同林宿，大限来时各自飞。

——《增广贤文》

【意译】

父母的恩惠再深最终还是会离开我们，夫妻之间情义再重也会彼此分离；人生中彼此间的关系如同树林中相宿相飞的鸟，死亡到来的时候各自飞走了。

【札记】

缘聚缘散终有时，生死面前叹奈何；

彼此相聚不容易，今生且行且珍惜。

八

人情似纸张张薄，世事如棋局局新。

——《增广贤文》

【意译】

人与人之间的情分好似纸张一样薄、脆，一撕就破裂，世间种种事情好像下棋一样，每一局都不同。

【札记】

人生在世当谨记：

视人情如天大，才不辜负人；

待世事如鸿毛，方不被事缚。

九

人见白头嗔，我见白头喜。

多少少年亡，不到白头死。

——《增广贤文》

【意译】

人们不愿意看到头发渐渐变苍白，我看见白发却心生欢喜。为什么呢？你看世上多少人在年轻的时候就已经死去，想要活到白发苍苍时都不可能哦！

【札记】

老年迟暮倍生愁，何妨回首瞅一瞅；

多少人能紧随后，早早离世有没有。

十

贪得者，身富而心贫；知足者，身贫而心富。

居高者，形逸而神劳；处下者，形劳而神逸。

——《小窗幽记》

【意译】

贪而无厌的人，即便身家富有，内心却是贫穷空虚的；知足常乐的人，即便身家贫穷，内心却是富足充实的。身居高位的人，看上去身体安逸，平时只需要动动嘴皮子下命令，其实神思劳碌得很；地位不高的人，看上去忙这忙那要做许多事情，但心里却相对安逸平静一些。

【札记】

贪得适度者，身心俱富；

平常无求者，或属无能。

居高做实事，形逸神劳但心安；

处下谋虚事，形劳神逸心难安。

十一

一失脚为千古恨，再回头是百年人。

——《小窗幽记》

【意译】

人的一生，有些事情一旦做错，终生悔恨，等回头再看时，已经是光阴如梭，瞬乎百年，追悔莫及啦。

【札记】

一失足成千古恨，再回首已百年身。

十二

心为形役，尘世马牛；

身被名牵，樊笼鸡鹜。

——《小窗幽记》

【意译】

心灵被身体奴役束缚，如同世间的马牛一样被挂着重物劳作；行为被名利牵引主导，如同养在笼子里的鸡鸭一样没有自由。

【札记】

街上人来人往，身影匆匆，鼻子上系着无形的绳子，被名与利的力量拉扯。

十三

无事而忧，对景不乐，即自家亦不知是何缘故，这便是一座活地狱，更说甚么铜床铁柱、剑树刀山也。

——《小窗幽记》

【意译】

平时没什么事却感到忧愁，面对美景却乐不起来，自己也不知道为什么，这就是身处一座活地狱里面，更别说真实地狱里让人痛苦煎熬的铜床铁柱、剑树刀山了。

【札记】

细细思量，吾人每天，从早到晚，日复一日，年复一年，苦乐交替，都在经受，岂非时刻身处六道轮回！

十四

闻人善则疑之，闻人恶则信之，此满腔杀机也。

——《小窗幽记》

【意译】

听说别人的善良就怀疑不信，听说别人做了不好的事情就信之不疑，这是心里充满了杀机啊。这样的人世上比比皆是，“杀机”一起，表明一个人内心有伤害他人的念头，同时也正在扼杀自身福报的机遇，这样的人内心充满了嫉妒与嗔恨，又怎能快乐得起来？

【札记】

世人见不得别人好，见到不好就叫好，面对这样的人，有能力就感而化之，没能力就敬而远之。

十五

人生自古七十少，前除幼年后除老。中间光景不多时，又有阴晴与烦恼。到了中秋月倍明，到了清明花更好。花前月下得高歌，急须漫把金樽倒。世上财多赚不尽，朝里官多做不了。官大钱多身转劳，落得自家头白早。请君细看眼前人，年年一分埋青草。草里多多少少坟，一年一半无人扫。

——《小窗幽记》

【意译】

自古以来，能活到七十岁的人很少，而且前面一段岁月年幼无知，后面一段岁月体弱身虚。中间也没剩下几十年了，还要经历许多起伏波折和烦恼。

每年到了中秋月儿特别明亮，清明时节花儿开得特别好。不要辜负了人生难得的好时光，花前月下尽情放声歌唱，倒满酒杯尽情畅饮。世上的钱财多得赚不完，朝里官职多到做不了。想要当高官赚大钱就会很劳碌，使得自己早早白了头。

请你照着镜子仔细看看眼前人，一年衰老过一年，终有一天会埋在青草掩盖的坟墓里。而那些青草堆里的坟墓啊，一年到头有一大半都没有人祭拜打扫哦！

【札记】

想想过去的光阴都去哪了？

算算未来的光阴还有几许？

出生时两手空空带什么来到世上？

最后离开空空两手又能带走什么？

十六

人在病中，百念灰冷，虽有富贵，欲享不可，反羡贫贱而健者。是故人能于无事时常作病想，一切名利之心，自然扫去。

——《小窗幽记》

【意译】

人在生病的时候，什么念头都冷却下来了，如同木头燃尽后的残灰，没有了热度。这个时候，虽然拥有富贵，也享受不了啊。所以，一个人如果能够平时无事的时候常想想生病时的状态，一切名利之心，自然会或淡或空。

【札记】

病床前有人情冷暖，正是抱残躯感悟时。

十七

不可乘喜而轻诺，不可因醉而生嗔，

不可乘快而多事，不可因倦而鲜终。

——《小窗幽记》

【意译】

人生后悔莫及的事情常常基于四个原因：一是乘着高兴的时候轻易许下承诺；二是酒醉头脑不清醒时发脾气伤害了别人；三是贪图快意而惹是生非；四是因为倦怠做事有始无终。

【札记】

喜时点头少张嘴，醉时拳头且放松；

痛快来时足要稳，惰性发作事勿休。

十八

静坐然后知平日之气浮，守默然后知平日之言躁，
省事然后知平日之心忙，闭户然后知平日之交滥，
寡欲然后知平日之病多，近情然后知平日之念刻。

——《小窗幽记》

【意译】

静心打坐，然后才知道自己平时多么心浮气躁；守口沉默，然后才知道自己平时言语过于急躁；减少事务，然后知道自己平时心绪甚是忙乱；闭门谢客，然后才知道自己平时交往太过不慎；减少欲望，然后才知道自己平时毛病很多；体贴人情，然后才知道自己平时念头那般刻薄。

【札记】

静坐守默省事，闭户寡欲近情；
体察需要对比，修行贵在内省。

十九

居逆境中，周身皆针砭药石，砥节砺行而不觉；

处顺境内，眼前尽兵刃戈矛，销膏靡骨而不知。

——《菜根谭》

【意译】

当一个人处于逆境中的时候，身边都是治病的金针和汤药，让人在不知不觉中磨练品行；

当一个人处于顺境中的时候，其实也面临着各种刀枪武器，暗暗地被消磨精神意志，没有察觉到自己的身心正受到腐蚀。

【札记】

逆境如苦口之良药，顺境如迷魂之罂粟；

苦口良药可助修行，迷魂罂粟则损意志。

二十

横逆困穷，是锻炼豪杰的一副炉锤。

能受其锻炼，则身心交益；

不受其锻炼，则身心交损。

——《菜根谭》

【意译】

所有的逆境压力或贫穷困苦，都是锤炼人成为英雄豪杰的熔炉和锻锤，如果能经受得住这样的锻炼，身心都会受益；如果经受不起这种锻炼，身心反而会受到伤害。

【札记】

铁经百炼方成钢，良品劣品同样有。

良材能经百般磨，朽木难为巧鲁班。

百炼成钢如同人的成长，有些人炼着炼着就成了废品，有些人煅炼初期身心开始蜕变，直至坚定本心，百炼不易，方得成长。煅炼的工匠很重要，炼铁成钢的技巧是千百万次试验得来的，而能不能成钢最终还要看这块顽铁是不是块好材料。

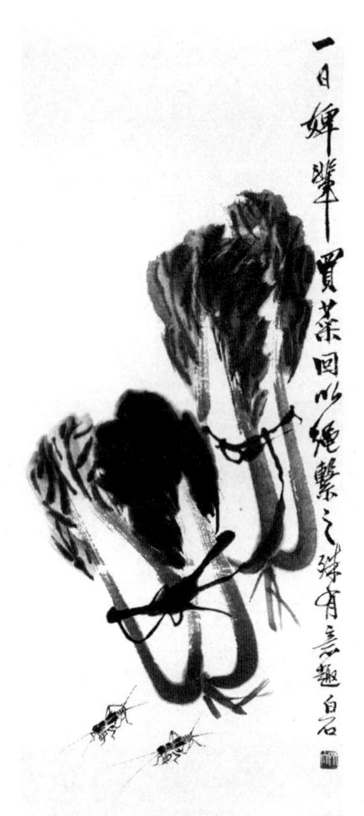
一日婢輩買菜回以繩繫之殊有意趣白石

二十一

磨砺[①]当如百炼之金，急就者，非邃养；

施为宜似千钧之弩，轻发者，无宏功。

——《菜根谭》

【意译】

磨练要像炼钢一样反复地进行，急于求成者不会有高深的修养；做事情要像拉开千钧之弓一样努力认真，不要随便发射，做事随便的人，无法建立丰功伟绩。

【札记】

大浪淘沙非常功夫，反复冲刷，层层剥落显精华；

重锤打铁勿用蛮劲，落锤精准，轻重交替出精品。

① 磨砺：通过摩擦的方法使物品尖锐。

二十二

居卑而后知登高之为危，处晦而后知向明之太露；守静而后知好动之过劳，养默而后知多言之为躁。

——《菜根谭》

【意译】

站在位置低的地方，才知道攀登眼前高峰峻岭的危险；呆在昏暗的地方才知明亮处太过暴露；静下来的时候才知道忙来忙去是多么劳累；沉默静思之后才知道言语过多是浮躁的表现。

【札记】

居卑渴望攀高，处晦心欲向明。

静极明白动乱，守默后知言繁。

不在位以为乐，在其位方知苦。

二十三

机动的，弓影疑为蛇蝎，寝石视为伏虎，此中浑是杀气；念息的，石虎可作海鸥，蛙声可当鼓吹，触处俱见真机。

——《菜根谭》

【意译】

好动心机的人，把杯中的弓影看作是蛇蝎，把草丛间的卧石看作伏击人的老虎，心中充满了防备他人和伤害他人的气息；

如果杂念妄想的念头能够熄灭，那么石虎可以看作海鸥，蛙声可以视如鼓乐，所视所听之处都是生机妙趣。

【札记】

因为妄想执着，生忧悲苦恼；若无颠倒梦想，则常乐我净。

二十四

当怒火欲水正腾沸处，明明知得，又明明犯着。知的是谁？犯的又是谁？此处能猛然转念，邪魔便为真君矣。

——《菜根谭》

【意译】

当一个人怒火冲天或是欲念翻腾时，明明知道不该却又明明白白地犯了错，怎么办？试着回转来想想知道不该的是谁？明知故犯的又是谁？在这个地方如果能够有香象过河截流而断的转念之力，明白自性所在，邪魔亦可转为圣君。

【札记】

生气的时候，什么也不要做，做什么，错什么。

生气的时候，不是伤害了别人，就是伤害了自己。

二十五

古人闲适处，今人却忙过了一生；

古人实受处，今人又虚度了一世。

总是耽空逐妄，看个色身不破，认个法身不真耳。

——《菜根谭》

【意译】

古人看淡的事情，今人却为之忙碌一辈子；古人关注获益的事情，今人却不当回事虚度了一生。人们要么颠倒梦想，视假为真，追求名利权色等这些虚妄的东西，要么学佛修行，以为这也空，那也空，什么都是空，沉浸在空里还想求解脱。都是因为把血肉之躯的色身当作真我，而非空非有的法性之身又不认得啊。

【札记】

攀实五蕴不撒手，还想烦恼快送走；

若有如此便宜事，紧抱枕头梦个够。

二十六

幽人清事，总在自适。故酒以不劝为欢，棋以不争为胜，笛以无腔为适，琴以无弦为高，会以不期约为真率，客以不迎送为坦夷。若一牵文泥迹，便落尘世苦海矣！

——《菜根谭》

【意译】

人与人交往本来是很自然随性的事情，可人们在交往的时候，夹杂了许多私情私欲，人际关系变得不和谐，于是设计了许多社交礼节，这些社交礼节规范了人们行为的同时，也带来各种纷扰和烦恼。

我们可以向高洁的隐士学习，他们做事情懂得适度并顺从心性，比如喝酒时候以不劝酒为欢，下棋时不以输赢为胜，吹笛时不按固定腔调为自在，弹琴时信手拈来最为高超，约会时以不期而遇最为真率，客人以不相迎送为坦诚。

【札记】

繁文缛节虽纷扰，脱离尘俗未必高；

凡事适度最为好，世出世入没烦恼。

二十七

石火光中争长竞短，几何光阴？

蜗牛角上较雌论雄，许大世界？

——《菜根谭》

【意译】

把人的一生放在亘古的时间长河中比较，只是电光石火的瞬间而已，在电光石火般短暂的人生中较量长短，能争得多少光阴？

把我们的生存空间放在宏伟无边际的宇宙里比较，如同蜗牛角一般大小，在蜗牛角一样大的空间里争强斗胜，又能赢得多大世界？

【札记】

分毫之争是小傻，世界之争是大傻，颠倒众生无不傻。

二十八

人生只为欲字所累，便如马如牛，听人羁络；为鹰为犬，任物鞭笞。若果一念清明，淡然无欲，天地也不能转动我，鬼神也不能役使我，况一切区区事物乎！

——《菜根谭》

【意译】

人的一生如果被欲望所牵累，就好像当牛做马，受人役使；或充当鹰犬奴才，被人使唤鞭打。如果念头清净，淡然无欲，就算天地伟力也不能转变我，鬼神也不能役使我，何况这一切区区小事物。

【札记】

求名逐利恋色是小欲，成仙成佛得道是大欲，草木泥石金属才无欲，若以欲论人格，世间没有正常人，那么这句话又该如何理解？值得一参！

二十九

一场闲富贵，狠狠争来，虽得还是失；

百岁好光阴，忙忙过了，纵寿亦为夭。

——《菜根谭》

【意译】

一场不是生命中必需的荣华富贵，拼死拼活地争来了，虽然一时到手，始终仍会失去；

一生百年大好时光，匆匆忙忙地度过，纵然活的时间长，可跟短命有什么两样？

【札记】

趋炎虽暖，暖后更觉寒；

食蔗虽甘，甘后倍生苦。

三十

天理路上甚宽，稍游心，胸中便觉广大宏朗；

人欲路上甚窄，才寄迹，眼前俱是荆棘泥涂。

——《菜根谭》

【意译】

寻找天地间真理的道路是那么宽广，只要稍稍用点心去追求，心胸便会觉得广大宏伟明朗；

人世间欲望追求的道路如此狭窄，才刚刚踏步其中，眼前遍是布满了荆棘和难行的泥泞。

【札记】

人世间的欲望构筑了一个巨大的迷宫，我们在其中兜兜转转，视野永远只在前后左右不远处，饱受迷途之苦，只有冲出迷宫，才能领略世界的深远辽阔。

齊白石貝葉蟈蟈圖真跡
丙戌春月
單國強題
借山吟館主者

三十一

炎凉之态，富贵更甚于贫贱；

妒忌之心，骨肉尤狠于外人。

此处若不当以冷肠，御以平气，鲜不日坐烦恼障中矣。

——《菜根谭》

【意译】

人情冷暖世态炎凉的现象，在富贵人家表现得比贫苦人家更明显；妒忌不满的心理状况，骨肉血亲之间表现得比外人还要狠毒。在这种情况下，如果不能用冷静平和的态度去处理，很少有人不陷入其中的烦恼痛苦中的。

【札记】

争宠夺利不分贵贱，人情冷暖尽在人群。

三十二

守分安贫，何等清闲，而好事者偏自寻烦恼；

持盈保泰，总须忍让，而恃强者乃自取灭亡。

——《围炉夜话》

【意译】

如果生活条件欠佳，可以谨守本分，安心于贫穷，这样的生活多么清静悠闲啊，如果不安于现状，总喜欢惹是生非，这是自寻烦恼；

事业繁盛生活富足时要想保持这样的生存条件，需要学会谦逊忍让，而许多自以为强大的人常常做出一些自取灭亡的事情。

【札记】

人生需要做加法的时候，当奋勇向前；

人生需要做减法的时候，当谨思慎行。

三十三

财不患其不得，患财得而不能善用其财；

禄不患其不来，患禄来而不能无愧其禄。

——《围炉夜话》

【意译】

不怕没有财富，怕的是拥有了财富却不善于利用；不怕享受不到厚禄，怕的是能不能在位时做到“不愧其禄”。

【札记】

若想财富无忧，且把福根深深种；

为免德不配位，但把德行好好修。

三十四

人生境遇无常，须自谋吃饭之本领；

人生光阴易逝，要早定成器之日期。

——《围炉夜话》

【意译】

人的一生所处的环境和遭遇是无常的，要自己谋求可以养活自己的本领；人生的光阴短暂易逝，要早点确立志向并为之努力不懈。

【札记】

常关无常，才能修得平常心。

三十五

钱能福人，亦能祸人，有钱者不可不知；

药能生人，亦能杀人，用药者不可不慎。

——《围炉夜话》

【意译】

金钱能够让人过上幸福的生活，也能够祸害一个人，有钱人不能不明白这个道理；药物可以救人、让人活下去，也可以杀人，用药的人不能不谨慎。

【札记】

万物都有两面性，善用物品不伤己；

言行俱是双面刃，运用不当易伤人。

三十六

用功于内者，必于外无所求；

饰美于外者，必其中无所有。

——《围炉夜话》

【意译】

注重修心养性的人，一定不会对身外之物过于苛求；一味追求外在华美的人，对自身内在的修养恐怕很少下功夫。

【札记】

人的心就好像一只碗，不管装了好吃的或不好吃的，一样会产生污垢，使用了要洗洗。

三十七

东坡《志林》有云："人生耐贫贱易，耐富贵难；安勤苦易，安闲散难；忍疼易，忍痒难；能耐富贵、安闲散、忍痒者，必有道之士也。"余谓如此精爽之论，足以发人深省，正可于朋友聚会时，述之以助清谈。

——《围炉夜话》

【意译】

苏东坡在《东坡志林》中写道："人生要耐得住贫贱容易，耐得住富贵却很难；安于勤劳辛苦容易，安于闲散无事很难；忍受肉体的痛苦容易，忍受瘙痒却很难；能够耐得住富贵、安于闲散和忍受得了瘙痒的人，一定是有相当修养的人。"我认为是相当精辟爽直的见解，足够发人深思，正好可以在朋友聚会时，说出来给大家讨论助兴。

【札记】

忙时做忙人，闲时做闲人；

但把闲日过，无事便是福。

三十八

人皆欲贵也，请问一官到手，怎样施行？

人皆欲富也，且问万贯缠腰，如何布置？

——《围炉夜话》

【意译】

人人都想要地位显贵，请问如果真的谋得了一官半职，可懂得如何施政？人人都想要生活富裕，请问真有一天腰缠万贯，拥有亿万身家，可懂得使用安排？

【札记】

人的烦恼往往是期望值太高，却没有相应的德行匹配期待的位置，又没有相应的能力匹配期待的报酬，求之不得，辗转反侧。

白石老人

三十九

局量宽大，即住三家村里，光景不拘；

智识卑微，纵居五都市中，神情亦促。

——《小窗幽记》

【意译】

心胸宽广的人，即便住在偏僻的寥寥几户人家的小村落里，心境平和不觉束缚；智慧不够见识不多的人，就算住在繁华的大都市中心，神情也会局促不安，难以适应。

【札记】

心胸宽广者，处处安适如常。

智识浅薄者，处处局促不安。

卷二集

一

蛾扑火，火焦蛾，莫谓祸生无本；

果种花，花结果，须知福至有因。

——《菜根谭》

【意译】

飞蛾扑火，在火中烧焦，不要说灾祸是没有缘由的；果实作为种子埋在土里，长出花朵，花朵再结为果实，要知道福报是有原因的。

【札记】

福报有善因，恶因是祸端；

烦恼因妄想，颠倒有轮回。

二

天欲祸人，必先以微福骄之，要看他会受；

天欲福人，必先以微祸儆之[①]，要看他会救。

——《小窗幽记》

【意译】

祸福唯自招，并非真有一个老天在做仲裁，从而让人受苦受难，或让人得到幸福快乐。这两句警示我们，灾祸来临之前，往往会有一些好处得到，这样的小福分看承不承受得起，如果因此得意忘形，灾祸会接踵而来；同样的道理，福报来临前，往往会有一些小的灾祸降临，看能不能自救，自救得来，才有资格享受大福报。

【札记】

福气啊福气，有气才有福；

能受多大气，才有多大福。

① 儆（jǐng）：同“警”，使人警醒。

三

不耕而食，不织而衣，摇唇鼓舌，妄生是非，故知无事之人好为生事。

——《小窗幽记》

【意译】

有些人不耕种而享有食物，不织布而有衣服穿，卖弄口才逞口舌之能搬弄是非，看多了就知道，没有正经事可做的人容易惹是生非，没事生是非的人不是祸乱了别人，就是惹祸上身。

【札记】

没事生事，惹祸上身，呜呼哀哉，怪得了谁？

四

执拗者福轻，而圆融之人其禄必厚；

操切者寿夭，而宽厚之士其年必长。

故君子不言命，养性即所以立命；

亦不言天，尽人自可以回天。

——《菜根谭》

【意译】

固执难拗的人福报少，而圆融变通的人福禄多；心浮气躁的人寿命短，而宽厚朴实的人寿命长。因此，君子不谈命中注定这回事，修心养性能够改变命运；君子不谈上天如何如何，尽人事自然可以回转天意。

【札记】

三分命注定，七分靠修行。

五

荣宠傍边辱等待，不必扬扬；

困穷背后福跟随，何须戚戚？

看破有尽身躯，万境之尘缘自息；

悟入无怀境界，一轮之心月独明。

——《小窗幽记》

【意译】

与荣耀恩宠相伴的可能是耻辱，不要得意时张扬；困窘和贫穷背后相随的未必不是福泽，所以困窘时不必忧伤。

能看破我们这副身体的有限生命，世上所有尘缘自然平息；感悟到内心清净无物的境界，心中有一轮明月绽放光华。

【札记】

人们站在荣宠河畔，会水的下去玩耍了，不会水的在岸边妒羡，下水的迟早有一天会上岸，或者再也上不了岸。

人生两条路。一条是编织各色梦想，追求各种声光色构成的名色财食睡，叫“寻梦之旅”，在旅途中人与人之间的区别在于梦多梦少、梦长梦短而已。另一条路则是走上寻求清醒的“破梦之旅”，与梦断舍离，很苦很难很挣扎，却是一条或曲或直让自己早日明白的道路。

六

是技皆可成名天下，唯无技之人最苦；

片技即足自立天下，唯多技之人最劳。

——《小窗幽记》

【意译】

只要掌握了一门技艺就可成名天下，无一技之长的人往往最为艰苦；凭借很小的技艺就可以立足于世上，只有多才多艺的人才最辛苦。

【札记】

一岗多能的人往往样样是短板。

今天不努力，明天做奴隶。

七

不作风波于世上，自无冰炭到胸中。

——《小窗幽记》

【意译】

不在世上兴风作浪做坏事，自然不会感受那些冰寒刺骨和烈火煎熬的痛苦。

【札记】

种罪因，遭罪受。

想得到，却一直做着会失去的事情；

怕失去，却一直不做能得到的事情。

八

人只把不如我者较量，则自知足。

——《小窗幽记》

【意译】

人的不快乐是总跟比自己优秀的人做比较，人比人，得死，货比货，得扔。如果回首看看不如自己的人，知足感自会油然而生。

【札记】

向上比，很烦恼；

向下比，没烦恼。

比上不足，比下有余，很好！

九

闻谤而怒者，馋之囮[①]；

见誉而喜者，佞之媒。

——《小窗幽记》

【意译】

听到别人诽谤就动怒的人，正好给进谗言的人可乘之机；见到赞誉就高兴的人，正好给那些谄媚的人机会。这句警言最适合拥有职权的人士好好思量一番。

【札记】

淡泊之心，从名利场中锻成；

镇定之眼，从纷纭境上练就。

---

① 囮（é）：用来诱捕同类的鸟，也称“囮子”。

十

世味浓，不求忙而忙自至；

世味淡，不偷闲而闲自来。

——《小窗幽记》

【意译】

入世的兴趣大，身上的世俗味就浓，想不忙都难，忙碌自然会寻到你头上；

入世的兴趣淡，身上的烟尘味就淡，不用去偷闲，清闲自然会找你来相伴。

【札记】

世人闲不住，以忙为乐；

忙时闲不来，一闲就慌。

十一

吾之一身，常有少不同壮，壮不同老；

吾之身后，焉有子能肖父，孙能肖祖?

如此期必，尽属妄想，所可尽者，惟留好样与儿孙而已。

——《小窗幽记》

【意译】

我的一生，常常会觉得自己少年时不同壮年，壮年时不同老年。在我死后，哪里有儿子能像父亲，孙子能像祖父的？现在的人，自己开创了一番事业，希望自己的后代也能有成就，没有事业的更是希望后代有所作为，后辈稍有偏离自己的期望就苦恼不堪。这些都属于妄想，我们能够尽力的，只有给儿孙树立一个好榜样而已啦！

【札记】

少不同壮，壮不同老；

子不肖父，孙不肖祖。

白石老人齊璜

十二

奔走于权幸[①]之门，自视不胜其荣，人窃以为辱；

经营于利名之场，操心不胜其苦，己反以为乐。

——《小窗幽记》

【意译】

在权贵佞幸门前奔走，攀附权贵，自己觉得无上光荣，旁人私下都认为这是耻辱；在名利场上经营谋划，追求名利，旁人觉得辛苦操劳，自己却认为这是一种快乐。

【札记】

荣耻难分，苦乐颠倒。

① 幸：在这里指“佞幸”，古时以谄媚而得到君主宠幸的人。

十三

祸莫大于纵己之欲，恶莫大于言人之非。

——《小窗幽记》

【意译】

放纵自己的欲望就是最大的祸患，述说别人的是非就是最大的恶行。

【札记】

欲如猛虎，吞人噬己；

说人是非，伤人害己。

十四

拨开世上尘氛，胸中自无火炎冰竞；

消却心头鄙吝，眼前时有月到风来。

——《菜根谭》

【意译】

拨开俗世的烦扰和诱惑，心里才不会有冷暖炎凉的痛苦；

清除心中的狭隘与吝啬，眼前常会有明月清风的好风景。

【札记】

所有烦恼和快乐都源于自己内心的转变，与人无关，与己有关；与外境无关，与内在有关；为何？值得思考。

十五

酷烈之祸多起于玩忽之人；盛满之功常败于细微之事。故语云："人人道好，须防一人着恼；事事有功，须防一事不终。"

——《菜根谭》

【意译】

惨烈的灾祸大多是因为不认真、疏忽造成的，盛大圆满的功绩常常因为一些细微的小事而失败。所以说："如果一件事情人人都说好，却可能因为其中有一个人心生怨恼而变得不好；每一件事情都做得很成功，但只要有一件事情没做成功，所有的成功都可能因此被否定掉。"

【札记】

一粒老鼠屎坏了一锅汤，千里之堤溃于一蚁穴。

十六

世人以心惬处为乐，却被乐心引入苦处；

达士以心拂处为乐，终由苦心换得乐来。

——《菜根谭》

【意译】

世人以舒心满意作为快乐，却常常被这样的快乐引诱到痛苦的深渊；通达的人把不顺心的困难作为快乐，最终因为视苦为乐的心而换来真正的快乐。

【札记】

世人以合心意为乐，却因乐心而带来痛苦；

行者与拂乱心为舞，终因苦心而换来快乐。

十七

心体澄澈，常在明镜止水之中，则天下自无可厌之事；意气和平，常在丽日光风之内，则天下自无可恶之人。

——《菜根谭》

【意译】

如果一个人的内心干净又清澈，常常保持在明镜止水般的状态中，那么天下自然没有让人讨厌的事；如果不心浮气躁、意气平和，常常处于丽日和风的状态下，那么天下自然没有可恶的人。

【札记】

境由心生，世界是内心的投射。

心中有是与非，外界才有善与恶。

十八

少壮者，事事用意而意反轻，徒泛泛作水中凫而已，何以振云霄之翮？

衰老者，事事忘情而情反重，徒碌碌为辕下驹而已，何以脱缰锁之身？

——《菜根谭》

【意译】

年轻人，做什么事情都过于执着追求的话，反而愿望没有什么着落，就好像划水的鸭子，虽然很用力，行动却很缓慢，怎么能展翅高飞大有作为？

老年人，什么事都应该看淡一些，却往往因为太过重情，反而好像带上缰套的马驹一样，怎么能够脱离负重劳苦？

【札记】

当力不从心的时候，就让心随力而行吧。

心大力小，徒增烦恼，而且还容易变老。

十九

帆只扬五分船便安，水只注五分器便稳。如韩信以勇略震主被擒，陆机以才名冠世见杀，霍光败于权势逼君，石崇死于财富敌国，皆以十分取败者也。康节云：“饮酒莫教成酩酊，看花慎勿至离披。”旨哉言乎！

——《菜根谭》

【意译】

船帆只需要扬起五分，船便能行驶得安稳；水只要注满五分，盛水的容器就能摆放得稳当。像韩信因为功高震主被擒杀，陆机因为才气名声绝世而被杀，霍光权高势重逼迫君主而倾覆，石崇因财货富可敌国而丧命，这些都是一个人过满过盛而失败的例子。所以，宋代哲学家邵康节（邵雍）说：“喝酒不要喝到烂醉，赏花不要等到花儿都纷纷下落的时候。”

【札记】

人有福报易，有智慧难；人生该得的得，该舍的舍。

二十

事事留个有余不尽的意思，便造物不能忌我，鬼神不能损我。若业必求满，功必求盈，不生内变，必召外忧。

——《菜根谭》

【意译】

做任何事情都要留点余地，这样老天才不会妒忌我，鬼神才不会伤害我。如果事情做得太过，成绩追求过度完美，那么即便不产生内乱，也会因此招来外患。

【札记】

钱少了，健康不能少；

事业不好，家庭一定要好。

什么都想圆满，会觉得样样都不圆满。

二十一

忧勤是美德，太苦则无以适性怡情；

澹泊是高风，太枯则无以济人利物。

——《菜根谭》

【意译】

竭尽所能做事情原来是一种值得称道的德行，可如果过度辛苦，就无法调适自己的精神，又谈何快乐地活着？

看淡功名利禄是一种高风亮节，可如果为人处世太过枯燥无味不近人情，又谈何利益他人？

【札记】

美妙之音，在于弹弦力度不重不轻。

二十二

老来疾病，都是壮时招的；

衰后罪孽，都是盛时造的。

故持盈履满，君子尤兢兢焉。

——《菜根谭》

【意译】

一个人晚年时身上的疾病，都是青壮年时不注意保养所导致的结果；一个人事业衰败后还会有罪孽纠缠不休，这都是志得意满时所埋下的因。因此，即便是人生事业、生活、身体都美满的时候，君子也会有一份小心谨慎的心。

【札记】

如果时光能倒流，想给过去的自己一记又一记重重的耳光，质问曾经的自己为何给现在的自己添那么多麻烦，这或许是开始真正思考人生和重视因果的表现。

二十三

性躁心粗者，一事无成；

心和气平者，百福自集。

——《菜根谭》

【意译】

性情急躁、粗心大意、心气不平的人，做什么事情都难以成功；性情平和、心态从容的人，各种福气好事都会自动聚集在身。

【札记】

人之初，由生理本能所主导，此时幼童期；

渐次之，行为受情绪所影响，正当青少年；

再次之，理性决定利害得失，大多中老年；

至最后，依智慧引导思与行，这类人稀有。

二十四

福莫福于少事，祸莫祸于多心。

惟苦事者，方知少事之为福；

惟平心者，始知多心之为祸。

——《菜根谭》

【意译】

少事意味着清净，内心清净，外无纷扰，俗称清福，人世间的福报没有什么比得上清福的。多心意味着多虑，内心欲求太多，自然招来外界的事端，事端越多，苦难祸乱的几率就越大。

所以说，只有身在苦中的人，才知道事少才是福气，只有内心平静的人，才明白太多波澜起伏的欲求是惹祸的根源。

【札记】

问：“为什么我活得那么痛苦？”

答：“因为你在追求快乐！”

二十五

天地之气，暖则生，寒则杀。故性气清冷者，受享亦凉薄。唯和气热心之人，其福亦厚，其泽亦长。

——《菜根谭》

【意译】

天地间的气候，温暖的时候则滋生万物，寒冷的时候万物衰败。因此，性情冷漠，天性凉薄的人，能享受到的福报也很浅很少。只有性情温和又乐于助人，这样的人相对福报较多，福泽的享用也比较长久。

【札记】

羊胎水是温暖的，所以才能孕育出生命；

言行间充满善意，因此才有了相亲相爱。

二十六

仁人心地宽舒，便福厚而庆长，事事成个宽舒气像；

鄙夫念头迫促，便禄薄而泽短，事事得个迫促规模。

——《菜根谭》

【意译】

仁慈博爱的人心胸宽阔，所以能够福禄丰厚而且绵长，对每件事情都有一种宽宏大度的气魄；浅薄无知的人心胸狭窄，福禄微薄而且短浅，对任何事情都是短视近利的模样。

【札记】

幸福等于福报。追求幸福是努力获得福报的过程，要想获得幸福，首先要培养积累福德。福德是因，福报是果；福德是舍，福报是得；福德是付出，福报是收获。

二十七

子生而母危，镪积而盗窥，何喜非忧也？

贫可以节用，病可以保身，何忧非喜也？

故达人当顺逆一视，而欣戚两忘。

——《菜根谭》

【意译】

孩子的出生会给母亲带来生命危险，财物的聚集会导致盗贼的窥视，这么看来，什么善事不是伴随着忧患呢？贫穷让人学会节俭，疾病让人懂得养生，这样看来，什么忧患不是伴随着可喜之处呢？所以，通达的人能够将顺境逆境等同看待，欣喜和伤悲都不会放在心上。

【札记】

从老年回头看少年，争强好胜心立减；

从没落回头看浮荣，纷华奢侈心顿绝。

二十八

耳中常闻逆耳之言，心中常有拂心之事，才是进德修行的砥石。若言言悦耳，事事快心，便把此生埋在鸩毒中矣。

——《菜根谭》

【意译】

平时能够常常听到一些不顺耳的忠言，常有一些不顺心的事情，这才是提升修养德行的真正磨练。如果听到的每句话都是令人高兴的，遇到的每件事情都是称心如意的，那等于将自己的一生埋葬在毒药中。

【札记】

一个人，如果长时间听不到逆耳之言的时候，便应该心生警惕，驻足内省。

二十九

富贵名誉，自道德来者，如山林中花，自是舒徐繁衍；自功业来者，如盆槛中花，便有迁徙兴废；若以权力得者，如瓶钵之花，其根不植，其萎可立而待矣。

——《菜根谭》

【意译】

一个人的富贵名誉，如果从道德修养中得来，就如同生长在山林中的花，在大自然中逐渐繁衍，从容自然地开放；如果是从建功立业中得来的，就好像栽种在木盆中的花，会因生长的环境变化而枯荣；如果以权势的力量得来，就有如花瓶中的插花，没有根基，很快就凋零枯萎。

【札记】

富贵如花，花开花落。

三十

多栽桃李少栽荆，便是开条福路；

不积诗书偏积玉，还如筑个祸基。

——《菜根谭》

【意译】

多栽种桃树李树少栽种荆棘，这是开辟福报的道路；不去积累诗书学问，偏要去累积玉器财物，等于给灾祸建了一个基础。

【札记】

莫待白发时，始觉读书少。

三十一

心体光明，暗室中有青天；

念头暗昧，白日下有厉鬼。

——《菜根谭》

【意译】

一个人如果念头清静，心地光明磊落，即便是在黑暗的房间里，也会像站在万里晴空之下；如果一个人内心阴暗，哪怕在光天化日之下，也会有厉鬼缠身。

【札记】

心中无鬼，夜行不惧。

三十二

天运之寒暑易避，人生之炎凉难除；

人世之炎凉易除，吾心之冰炭难去。

去得此中之冰炭，则满腔皆和气，自随地有春风矣。

——《菜根谭》

【意译】

大自然的气候变化所产生的严寒酷热容易躲避，而人生中的世态炎凉却难以避开；人生中的世态炎凉容易除去，而我们心中的恩怨情仇却难以消除。如果能够消除心中的恩怨情仇，则内心都是平静祥和之气，自然无论何时何地都如沐春风。

【札记】

如果眼光只局限在今生今世，快乐和烦恼就不知道为什么；如果把眼光扩展到前生后世，这辈子不会有太多为什么。

三十三

都来眼前事，知足者仙境，不知足者凡境；

总出世上因，善用者生机，不善用者杀机。

——《菜根谭》

【意译】

面对眼前的一切，知足的人如同生活在仙境，不知足的人如同身处凡尘；世上的一切因缘，善于利用的人处处是机会，不善于利用的人，错过一个个机会。

【札记】

多少人，痴心妄想中走完一生；

多少事，风吹雨打中渐趋平淡。

白石老人四百九十甲子時所畫

三十四

以我转物者，得固不喜，失亦不忧，大地尽属逍遥；
以物役我者，逆固生憎，顺亦生爱，一毫便生缠缚。

——《菜根谭》

【意译】

如果我们的心不随外界的事物所转变，得到不会欢喜，失去了也不会忧伤，在这片大地上就能够活得很逍遥；而心被外在的事物役使，遇到不顺心的时候心中嗔恨，遇到顺心的时候产生爱恋，只要有一丝一毫的念头，便被烦恼束缚。

【札记】

接受不能改变的，比如某些存在；
改变能够改变的，比如我们自己。

三十五

释氏随缘，吾儒素位，四字是渡海的浮囊。盖世路茫茫，一念求全，则万绪纷起，随遇而安，则无入不得矣。

——《菜根谭》

【意译】

佛家主张万事随缘，无论是顺缘还是逆缘，儒家主张素位而行，在什么环境和位置，就做什么样的事情，两家圣人在这一方面的核心思想是一致的。“随缘素位”这四个字是终生度过苦海的浮舟。

因为人生的道路漫长又迷茫，如要有一个追求十全十美的念头，那么各种思绪纷扰烦恼都会来，如果能做到随遇而安，就无论在什么环境都能活得很好。

【札记】

孔子提倡素位而行，生来富贵就过富贵的生活，不必装平凡。生来贫穷就过简单生活，不必自卑虚荣。如果生活在偏僻的小族群里又文化不够，就按族群的习俗过日子，做个好人。如果身处患难之中，就在患难的环境里淡然相处，以待解脱。在佛法中，素位而行也是随缘的意思。

三十六

富贵的，一世荣宠，到死时反增了一个恋字，如负重担；贫贱的，一世清苦，到死时反脱了一个厌字，如释重枷。人诚想念到此，当急回贪恋之首，而猛舒愁苦之眉矣。

——《菜根谭》

【意译】

富贵的人，一辈子享受尊宠荣华，临死时反而增添了贪恋尘世的念头，如同背负重挑；贫贱的人，一辈子在清苦中度过，临死时反而没有了对尘世的厌弃之感，如同脱离了枷锁。如果一个人真正想明白这些，应该调转贪求荣华富贵的念想，舒展开愁苦的容颜。

【札记】

追求权力，在权力场陷身；

追求金钱，在金钱洞失足；

追求情色，在情色窝悔恨；

追求名誉，在名誉榜染污。

三十七

岁月本长，而忙者自促；

天地本宽，而鄙者自隘；

风花雪月本闲，而劳攘[①]者自冗。

——《菜根谭》

【意译】

岁月本来很悠长，只是忙碌的人把自己搞得很紧张，天地间本来很宽广，只是短见的人把自己弄得狭隘；风花雪月本是很自在，只是身心疲劳的人想得太复杂了。

【札记】

现代人烦恼的根本原因：想多了！

① 劳攘：指身心劳困。

三十八

攻人之恶，毋太严，要思其堪受；

教人以善，毋过高，当使其可从。

——《菜根谭》

【意译】

家庭子女教育的烦恼，其中有一项是孩子不听管教，父母依照成人的认知高度定出行为标准，依此教导孩子，却往往没有考虑到小孩子单纯的思维世界还无法理解并接受成人的处世规条。要求太严格了，小孩子无法做到而常受委屈，或产生逆反心理。同样的道理，在小孩子行善的时候，要求不要太高，在他的能力范围内能做到才好。

【札记】

揭人过时先想三分，赞人善时勿等三秒。

三十九

恩宜自淡而浓，先浓后淡者，人忘其惠；

威宜自严而宽，先宽后严者，人怨其酷。

——《菜根谭》

【意译】

施人恩惠最好是先淡薄后浓厚，如果开始浓厚，后来淡薄，对方会轻视或忘掉你的恩惠；树立威信最好是从严厉到宽容，如果开始宽容后来严厉，别人会埋怨你的冷酷。

【札记】

受人恩，涌泉还滴水，浅受深报；

受人恶，高举而轻放，深受浅报。

四十

贪得者分金恨不得玉，封公怨不授侯，权豪自甘乞丐；知足者藜羹旨于膏粱，布袍暖于狐貉，编民不让王公。

——《菜根谭》

【意译】

贪得无厌的人有了金银还想得到珠宝，封了公爵还怨恨没能得到侯爵，这样的权豪如同自甘沦为不断讨要的乞丐。

知足的人吃野菜羹比吃山珍美味还要香甜，穿布袍比穿狐貉皮毛制成华贵的衣服还要温暖，这样的平民比当王公贵族还要快乐富足。

【札记】

贪得者苦不下平民，知足者乐远超王侯。

四十一

荣与辱共蒂，厌辱何须求荣；

生与死同根，贪生不必畏死。

——《菜根谭》

【意译】

荣耀与耻辱是紧密相连的，所以厌弃耻辱又何必追求荣耀；生存和死亡是同根一体的，因此贪恋生命就不必畏惧死亡。

【札记】

富贵无常，看得重，越受其害；

死亡无情，放得下，临时不惧。

四十二

附势者，如寄生依木，木伐而寄生亦枯；

窃利者，如蠼虰[①]盗人，人死而蠼虰亦灭。

始以势利害人，终以势利自毙，势利之为害也，如是夫！

——《菜根谭》

【意译】

依附权贵势力的人，如同寄生在树上的藤萝，树木被砍倒以后，寄生的植物也会随之枯萎；窃取不当利益的人，如同人身上的寄生虫，人死了也会随之死亡。开始因为权势和利益坑害别人，最后也因权势和利益害死自己。势利的危害之处就是这样啊！

【札记】

真正的快乐和幸福不是用钱买来的，也不是别人给予的，而是自己修来的。

① 蠼虰（chéng）：人身上的寄生虫。

四十三

欲路上事，毋乐其便而姑为染指，一染指便深入万仞；理路上事，毋惮其难而稍为退步，一退步便远隔千山。

——《菜根谭》

【意译】

对于物欲享乐方面的事情，不要因为来得容易而轻易尝试，一旦放任自己满足贪欲，便会坠入万丈深渊；修行上的事情，不要因为困难而稍稍放逸退缩，一旦退缩畏前，便与真谛远隔千山万水。

【札记】

习性如浪潮，片刻不得宁；
欲静风不止，风平浪不休。

妄念如野草，般若火难烧；
一遇境风吹，灭尽还复生。

人生的过程是先做加法，然后再做减法的过程。出生后开始认识这个世界，就是一直在做加法的过程，当有一天发现自己被染污到了一定程度，感知到了苦，才会真正开始做减法，做减法是去除染污的过程，直至清净。

白石齊璜

四十四

爵位不宜太盛，太盛则危；

能事不宜尽毕，尽毕则衰；

行谊不宜过高，过高则谤兴而毁来。

——《菜根谭》

【意译】

一个人的爵禄官位不适合太隆盛，过于隆盛会给自己带来危险；一个人的才华能力不适合完全显现，过于发挥则易陷入江郎才尽的困境；一个人不适合过度标榜自己的品行，过于标榜则易招来中伤和诽谤。

【札记】

人们宁愿喧嚣中死，也不愿寂寥中活，唉！

四十五

人生福境祸区，皆念想造成。故释氏云：“利欲炽然即是火坑，贪爱沉溺便为苦海。一念清净，烈焰成池；一念警觉，航登彼岸。”念头稍异，境界顿殊。可不慎哉！

——《菜根谭》

【意译】

人生所遇到的境况不论幸福还是灾难，都是由自己的念头想法决定的。所以释迦牟尼佛说：“满脑子都是利欲的念头就是身处火坑，沉浸在贪爱之中便陷入了苦海。如能一念清净，烈焰的火坑便成为水池，只要一念警觉悟过来，便从苦海中登上岸来。”因此，念头稍一转换，所遇的境界立马天差地别。明白了这个道理，不能不谨慎对待外境啊！

【札记】

样样追逐为哪般？离合纠缠转不休；

声色原是浮萍影，弃生灭来守真常。

四十六

恣口体，极耳目，与物镢铄[1]，人谓乐而苦莫大焉；

隳形骸，泯心智，不与物伍，人谓苦而乐莫大焉。

是以乐苦者日深，苦乐者乐日化。

——《菜根谭》

【意译】

任意享受美味，放纵自己，极尽声乐之快，沉迷于物质享受，人们觉得这是快乐，实质上却是一种巨大的痛苦；收敛自己的形体，没有妄想心机，不沉迷于物质，人们觉得这是一种痛苦，实质上却是巨大的快乐。

因此，享受看似快乐其实是痛苦的人，他的痛苦越来越深。而体悟看似痛苦其实是快乐的人，他的快乐越来越浓。

【札记】

吃得苦中苦，才得苦后甘来，这本是阴阳反复之至理，反之亦然，若纵情于乐，乐极悲自生。

① 镢铄：同“矍铄”，两眼放光、很精神的样子。

四十七

富贵家宜宽厚，而反忌刻，是富贵而贫贱其行矣！如何能享？

聪明人宜敛藏，而反炫耀，是聪明而愚懵其病矣！如何不败？

——《菜根谭》

【意译】

富贵人家待人接物应该宽厚仁慈，如果猜忌刻薄，那么虽是富贵人家，行径却和贫贱之人并无两样。这样如何能享受长久的福呢？聪明人不要锋芒毕露，而要谦让收敛，如果张扬炫耀，这样的聪明人最大的毛病就是愚蠢懵懂无知，又如何不会遭遇失败呢？

【札记】

可笑世间，奈何常见富贵人家行贫贱事，聪明人干愚蠢活。

四十八

欲其中者，波沸寒潭，山林不见其寂；

虚其中者，凉生酷暑，朝市不知其喧。

——《菜根谭》

【意译】

心中有太多欲望的人，即使是寒冷的深潭也会掀起沸腾的波涛，身处山林也感受不到其间的寂静；心中比较空明的人，即便是在酷夏也会有清凉，身在闹市也不会受喧嚣所扰。

【札记】

欲利天下者，虽然艰苦亦觉甘甜；

自私自利者，即便高超也属渺小。

四十九

奢者富而不足，何如俭者贫而有余？

能者劳而府怨，何如拙者逸而全真？

——《菜根谭》

【意译】

生活追求奢侈的人，如果财富很多却不满足，还不如节俭的人虽然贫穷却有余裕。如果有才能的人辛苦做事，却招来种种怨谤，还不如头脑简单的人活得安逸又能保持纯真。

【札记】

富有缺，贫有余。能者劳，拙者逸。

得失长短难比较，人在对比中得宽心。

五十

眼看西晋之荆榛，犹矜白刃；身属北邙之狐兔，尚惜黄金。语云："猛兽易伏，人心难降；谿壑易填，人心难满。"信哉！

——《菜根谭》

【意译】

眼看西晋都快要灭亡了，那些达官贵人不知觉悟，还在那里夸自己的武器精良；人死了以后都要变成北邙山孤兔的食物了，还把财物看得那么重。所以说："凶猛的野兽容易制服，而人心难以降伏；沟壑容易填平，而人心难以满足。"确实如此啊！

【札记】

人心多侥幸，但求寸阴填寸金。

待到大限时，只愿寸金换寸阴。

五十一

见外境而迷者，继锺竞进，居怨府，蹈畏途，触祸机，懵然不知；见内境而悟者，拂衣独往，跻寿域，栖天真，养太和，怡然自得。高卑绝，何啻霄壤。

——《菜根谭》

【意译】

受外在景象境况所迷惑的人，一步步踏入众生怨恨集中的地方，走上危险的道路，碰触到灾祸的机关，自己却全然不知；见识到自性风光而悟的人，拂袖独行，登上长寿的道路。安处于天性真如的境界，培养和顺之气，怡然自得。

这两者的高下之别，何止天上的云和地上的泥巴之间的不同啊！

【札记】

外魔自内而外绝，心性自外而内明。

五十二

人人意中所有之境，人人境中所遭之事，人人事后所留之影，无相似也。于是人往往梦梦然胶粘于意、境、影三者中，而无解脱矣。

——《反菜根谭》

【意译】

每个人在事前头脑中想象的情景，面前实际所遭遇的事情，事情在发生之后所留存在脑海中的影像，这三样其实并没有相似的地方。可惜人们常常将想象中的、实际发生的，以及事后所留的记忆粘合在一起，视之为真，颠倒梦想，从而无法得到身心的解脱。

【札记】

《金刚经》云：“过去心不可留，现在心不可留，未来心不可留。”留则生滞，滞则生障，障则生害。

五十三

人之功名富贵，要从起处究由来，则怨尤自息。

己之横逆困穷，要从灭处想未来，则希望自增。

——《反菜根谭》

【意译】

别人的功名富贵，要从开始的时候探究，明白了就不会有那么多的怨天尤人，妒忌羡慕。自己的困境贫穷，要从结束的地方探究，明白了才会充满希望。

【札记】

一百由零开始，零是一百的开端。

五十四

百行孝为先，论心不论迹，论迹世间无孝子；

万恶淫为首，论迹不论心，论心终古少完人。

——《反菜根谭》

【意译】

在各种善行中，孝是最首先考量的，行孝在于一个人的心意而不在于他的言行，如果以言行来衡量一个人是否孝顺，那天下就没有孝子了；

在各种恶行中，淫放在第一位，一个人是否犯了淫戒，要看他的言行表现而不在于他想些什么，如果以心思来衡量，那世上自古以来就没有可以打满分的人。

【札记】

孝子论心不论迹，淫贼论迹不论心。

杏子塢
老民齊白石作

五十五

有田不耕仓廪虚，有书不读子孙愚。

仓廪虚兮岁月乏，子孙愚兮礼义疏。

——《增广贤文》

【意译】

有田地不去耕种，堆粮食的仓库自然空虚。有读书的机会却不去好好学习，子孙后代会愚笨不聪慧。存储粮食的仓库空虚，日子就会过得困难。子孙后代愚笨不聪慧，就会不懂礼仪仁义。

【札记】

粮食能延续人的生命，经书能增长人的慧命。

子思曰：“道为知者传，非其人，道不贵矣。”圣贤书本来就是传给有慧智的人，一般人慧智未开之前，看经书都是犯困的，不觉得圣贤之道的贵重，一旦智慧脱透，书中的天道至理自然会流淌进心间。

五十六

人恶人怕天不怕，人善人欺天不欺。

善恶到头终有报，只争来早与来迟。

——《增广贤文》

【意译】

恶人大家都怕但是老天不怕，善人被人欺负但老天不欺负他。恶行迟早都会有报应，善有善报，恶有恶报，这只是早报和晚报的问题。

【札记】

因果报应不可思议，三世因果循环不已。善恶交织，报应有早有迟。

因此善人受欺时，当知此人曾为恶；恶人享福时，当知此人曾行善。

五十七

相见易得好，久住难为人。

但看三五日，相见不如初。

——《增广贤文》

【意译】

人与人在初次见面的时候容易得到彼此的好感，时间长了以后彼此间在一起相处会有一些困难。过三五天后看看，彼此再次见面时的感觉不如第一次见面了。

【札记】

社会人际间，初识欢喜易，久处不厌难，近之则不逊，远之则生怨。

这一生，彼此间的缘分或相见不相识，或相知不相见，或一面之缘，或寥寥数语，或擦肩而过。这一生，彼此间的缘分或相爱如绳缚难舍难离，或相恨如敌仇你死我活，或你追求我逃避，或我亲近你躲闪。人与人相逢，最洒脱的是随缘，最难过的是违缘。

五十八

两人一般心，无钱堪买金；一人一般心，有钱难买针。

——《增广贤文》

【意译】

两个人齐心协力，没有条件也会创造条件把事情办好；彼此各有各的想法，有充分的条件也会把小事搞砸。

【札记】

上下同欲，大事可期；

心思各异，小事难成。

五十九

人无远虑，必有近忧。祸从口出，病从口入。

——《增广贤文》

【意译】

一个人没有长远的计划，很快就会遭遇忧患。人为的祸害往往因为嘴里说出去的话造成，生病的根源常常是因为嘴里吃进去的东西引发的。

【札记】

苦难忧患从来都不会凭空产生，多看圣贤书，学习古人的智慧，才容易找到背后的根源，这比怨天尤人四处找人吐苦水强多了。

六十

来说是非者，便是是非人；是非终日有，不听自然无。

——《增广贤文》

【意译】

跑来跟你说是非的人，本身便是惹是生非的人；是是非非每天都有，只要不去听别人说，自然不会有是非的纷扰。

【札记】

是非里有恩怨，恩怨里有是非。

六十一

得忍且忍，得耐且耐；不忍不耐，小事成大。

——《增广贤文》

【意译】

该忍的时候要忍着，该坚持承受的要承受着；如果学不会忍耐，本来是小事都会变成大麻烦。

【札记】

“忍”字头上一把刀，心够强大，则能化干戈为玉帛。

六十二

知事少时烦恼少，识人多处是非多。

——《增广贤文》

【意译】

知道的事情少，烦恼就越少；认识的人越多，是非也跟着变多。

【札记】

不更事有天真，人群中是非多。

六十三

爽口食多偏作病，快心事过恐生殃。

——《增广贤文》

【意译】

美味爽口的食物吃多了反而会生病；

快乐的事情过度享有反而乐极生悲。

【札记】

能吃是福，吃到七八分饱最好。

享乐有度，兴尽还勿沉迷耽留。

夜总会狂欢后、激烈的电子游戏后、看完精彩的小说后、性爱高潮后、惊险刺激的冒险后……人们似乎特别容易感到空虚与无聊，大动之后的大静，让人无所依，盲目四顾，迫切地想寻找下一个激动人心的目标，好填补心里的黑洞。可如果常做一些有意义的善事，空虚和无聊感就会减少或没有。

六十四

迷则乐境为苦海，如水凝为冰；

悟则苦海为乐境，犹冰涣作水。

可见苦乐无二境，迷悟非两心，只在一转念间耳。

——《菜根谭》

【意译】

如果迷乱颠倒，快乐的境况会变得痛苦烦恼，好像灵动的水凝结成冰一样；如果能醒悟明白，痛苦烦恼也能转化为快乐，如同凝固的冰融化成水。可见苦和乐并不是完全不同的两种心境，迷和悟也不是存在于两颗心里，天堂还是地狱只在于一念之转。

【札记】

顺缘逆缘皆是缘，无缘不聚；

有情无情都是情，感恩众生。

六十五

“积善之家，必有余庆。积不善之家，必有余殃。”可知积善以遗子孙，其谋甚远也。

“贤而多财，则损其志；愚昧而多财，则益其过。”可知积财以遗子孙，其害无穷也。

——《围炉夜话》

【意译】

“积善之家，必有余庆。积不善之家，必有余殃。”语出《易经》，意思是指平时多做善事，可以为子孙后代留下许多福报。如果平时做了许多不好的事情，一定会给后代留下许多不好的影响。警戒自己行为处世要多为后世着想。

“贤而多财，则损其志；愚昧而多财，则益其过。”语出司马光的《资治通鉴》，意思是如果一个人品行都好，但聚集太多财物会损害子孙的志向；如果一个人愚昧而无智慧，却聚集了太多财物，给后代带去的祸害是无穷无尽的。

【札记】

有些人是别人活好了，自己才能活得好；

有些人是自己活好了，让别人活得更好。

中流砥柱
柱宇先生鉴此图 甲戌冬 齐璜

六十六

志不可不高，志不高，则同流合污，无足有为矣；

心不可太大，心太大，则舍近图远，难期有成矣。

——《围炉夜话》

【意译】

一个人志向不可以不高，志向不高远，容易随波逐流变得庸俗，今生没有什么作为。

一个人心气不可以太大，心气太大，容易看不起眼前努力而好高骛远，很难有什么成就。

【札记】

人们追求的往往不是真正需要的；

人们后悔的常常是最初被看轻的。

六十七

读书不下苦功，妄想显荣，岂有此理？

为人全无好处，欲邀福庆，从何得求？

——《围炉夜话》

【意译】

如果读书时不愿意下苦功夫，还妄想获得荣华富贵，哪有这样的道理？做人自私自利不愿行善积德，却想要招来喜事福报，想得美啊？

【札记】

何谓自助者天助之？当自己真正愿意帮助自己，并且勤勤恳恳为之努力时，会发现天地间的事物都能为你所用。原来，天道公允，一切资源都在我们身边，只是我们用心不诚，努力不够，忽略了轻视了，许多时候只会怨天尤人而不肯自省。

六十八

把自己看太高了，便不能长进；

把自己看太低了，便不能振兴。

——《围炉夜话》

【意译】

过于高估自己，就无法成长进步；过于看轻自己，就无法振奋精神，拥有自信。

【札记】

一个人做傻事，往往是因为自作聪明。

自己要有足够的能力和担当，才能给予人足够可靠的承诺。

六十九

欲利己，便是害己；肯下人，终能上人。

——《围炉夜话》

【意译】

一个人总想着满足自己的利益，往往害了自己；一个人如果屈居于他人之下，最终往往能高居人上。

【札记】

利人即是利己，低成方能高就。

七十

在世无过百年，总要作好人、存好心，留个后代榜样；
谋生各有恒业，哪得管闲事、说闲话，荒我正经工夫。

——《围炉夜话》

【意译】

人生在世不过区区百年，总要做一个好人吧，心存善念做善事，好给后代留下一个榜样；谋生养家各自有稳定的事业，好好经营，哪得空闲去管别人闲事说闲话？不要因此荒废了自己的正经事啊！

【札记】

若不珍惜当下，将来一定会失去更多。

卷三　灭

一

从极迷处识迷，则到处醒；

将难放怀一放，则万境宽。

——《小窗幽记》

【意译】

在最迷惑的时候识透迷惑之处，则时时刻刻能清醒明白。

如果最难释怀的事情也能放得下，则各种处境都能宽怀。

【札记】

修行有两难：一是醒来还恋梦；二是知道做不到。

二

蒲柳之姿，望秋而零；松柏之质，经霜弥茂。

——《小窗幽记》

【意译】

蒲树和柳树的曼妙姿态，到秋天就早早凋零；而松柏质地坚实，经历风霜之后而越加茂盛。

古时候，所谓蒲柳之姿也喻意容颜易老、韶华易逝。再美的女人随着时间的流逝，身体开始衰老，脸上也会有皱纹，皮肤失去弹性，体能开始减弱，女人都为之烦恼，可如果能够注重心灵修养，哪怕年老色衰，也会有从心灵深处透出来的气质之美。

【札记】

女子之美，外有蒲柳之姿，内有松柏之质。外在美因时间流逝而减退，内在美经风霜洗礼而增长。

三

一念之善，吉神随之；一念之恶，厉鬼随之。知此可以役使鬼神。

——《小窗幽记》

【意译】

当心存善意的时候，吉祥的神灵随之而来；可当有一丝恶念的时候，可怕的鬼怪随之而至。这种作用就好像磁铁一样，心里长存善念，身上就会有吉祥的气息，从而感化周边的环境；心里常有恶念，身上则充满阴沉和暴戾的气息，从而染污了周边的环境。

【札记】

常人之心，善恶并存，天堂地狱，一念之转。

四

气收自觉怒平，神敛自觉言简，

容人自觉味和，守静自觉天宁。

——《小窗幽记》

【意译】

气息收敛时，怒气自然平息下来；精神不乱放射，言语自然变得简洁；宽容他人时，人际关系自然和谐；守得住静默，天地间自然变得安宁。

【札记】

调息可以制怒，神敛可以养气，

宽容营造和谐，守静自然安宁。

五

烦恼场空，身住清凉世界；

营求念绝，心归自在乾坤。

——《小窗幽记》

【意译】

把心里的烦恼清空，自身就好像待在清凉的世界里；将追求名利的想法断绝，内心会好像回到自由自在的天地间。这是人们很难做到但一直为之努力的目标。

【札记】

名利的种子会长出烦恼的树苗，如果能够转烦恼为菩提，那么，烦恼花也能结出清凉的果实。

六

鸟栖高枝，弹射难加；

鱼潜深渊，网钓不及；

士隐岩穴，祸患焉至。

——《小窗幽记》

【意译】

鸟儿停歇在高高的树枝上，所以弹弓难以伤害到它们；鱼儿深深地潜藏在水底，渔网和鱼钩都够不着；读书人如果隐居在洞穴里，又怎么会招来祸患呢？

这句话有很深的道理，现代人的烦恼往往是四处攀缘，置身于错综复杂的人际中带来的。不建议大家避世出世，可要活得快乐，在这一点上可以多思考。

【札记】

绝百缘，息千虑，万般祸患不及身。

七

荣辱不惊，闲看庭前花开花落；

去留无意，漫随天外云卷云舒。

——《小窗幽记》

【意译】

无论是受到恩宠还是侮辱，内心都不惊动，如同在庭院前，以一颗悠闲的心欣赏花开花落，宠辱如同这花开花落一样自然，有何喜？又有何忧？月有阴晴圆缺，人有悲欢离合，或去或留都没关系，无需太过用情用意，就当做是天上的白云一样，任它云卷云舒。

【札记】

随缘，似舞蝶与飞花相和；

顺势，若满月偕江水共圆。

八

疾风怒雨，禽鸟戚戚；霁日光风，草木欣欣。可见天地不可一日无和气，人心不可一日无喜神。

——《菜根谭》

【意译】

在狂风暴雨中，鸟儿会感到忧虑害怕；如果是天气晴朗，风和日丽，花草树木会欣欣向荣。从这些情况可以知道，天地间不可以一日没有祥和之气，而人不可一日没有欣喜愉悦的心情。

【札记】

一次，飞机起飞前，天黑压压的，可当穿出云层，发现地面上看到的不是真正的天空，真正的天空阳光灿烂，一览无余，心中一丝明悟。此后，行走在大地上，每当天气恶劣，阴云密布，我就会想到太阳其实一直在头顶，心中立时敞亮起来。

九

东海水曾闻无定波，世事何须扼腕；

北邙山未曾留闲地，人生且自舒眉。

——《菜根谭》

【意译】

从来没有听说过东海有风平浪静的时候，所以面对世事的变迁又何必焦虑不安。

北邙山处处是坟墓，随时等候着死人的下葬，没有一块空闲的地方，世上没有人是不死的，迟早有一天都要入土为安，那么，活着又有什么看不开放不下的呢？不如舒展眉头好好面对人生吧。

【札记】

地球是圆的，在大地上行走，不是上坡路，就是下坡路。

十

得意处论地谈天，俱是水底捞月；

拂意时吞冰啮雪，才为火内栽莲。

——《菜根谭》

【意译】

得意的时候谈天论地，都是水中捞月般的虚幻事；

失意时还能吞冰饮雪，才如火里栽种莲花一般得到锻炼。

【札记】

红尘中修行，定力不易精进，慧光常常一闪即灭；

俗世中煅心，业力总是缠身，清净偶尔一现便退。

寄萍老人

十一

降魔[1]者，先降自心，心伏则群魔退听；

驭横者，先驭此气，气平则外横不侵。

——《菜根谭》

【意译】

要想制服外在的干扰和内在的邪念，先要降服自己的心，自己的心清静安定，则什么魔都会退避；

要化解外在蛮横无理的伤害，就要先调伏自己的心气，心气平和则化干戈为玉帛，可以化解外来的伤害。

【札记】

降魔先降心，退步即保身。

---

① 魔：同“磨”，古时光是用“磨”字，后来改为“魔”字，可理解为外境的磨难、磨练、折磨，也可理解为内心的邪念、妄想、执念，即心魔。

十二

热不必除，而除此热恼，身常在清凉台上；

穷不可遣，而遣此穷愁，心常居安乐窝中。

——《菜根谭》

【意译】

夏天炎热的气候改变不了，可只要将内心的热恼除掉，就会感觉自己待在清凉境界里；如果生活贫穷，不一定要拥有多大的财富，只要没有一颗因为贫穷而发愁的心，就会觉得生活在安宁快乐之中。

【札记】

饱了妻儿再无忧，只想修行和闲悠；

人生若无牵挂事，不是仙神似神仙。

十三

忙处不乱性，须闲处心神养得清；

死时不动心，须生时事物看得破。

——《菜根谭》

【意译】

在事务繁忙时，能保持冷静从容，而不会乱了心性，这一点需要闲暇时将心神保养得清静明朗；

要想临死时不惊慌害怕，需要在活着的时候能够将事物看得透彻，放得下。

【札记】

前世造业，所以有了今世苦乐人生；往世因缘，所以今生你我相遇。何妨活一天是一天，不畏生，不畏死，反正千万劫来不是第一回。彼此只是匆匆过客，短暂寄存，此生此身，何妨多结善缘，来世相见不陌生。

十四

饱谙世味，一任覆雨翻云，总慵开眼；

会尽人情，随教呼牛唤马，只是点头。

——《菜根谭》

【意译】

尝遍世间酸甜苦辣的，管他世事如何反复无常，变化多端，睁开眼睛看一眼的心情都没有；

看透人情冷暖、世态炎凉的人，哪怕像牛马一样被人呼叱，也只是无所谓地点头不计较。

【札记】

无求才能真得，无修方为真修。

十五

心体便是天体。一念之喜，景星庆云；一念之怒，震雷暴雨；一念之慈，和风甘露；一念之严，烈日秋霜。何者少得，只要随起随灭，廓然无碍，便与太虚同体。

——《菜根谭》

【意译】

人的身心与宇宙天地拥有同一个本体。喜悦的念头如同天上的吉星祥云；愤怒的念头如同雷霆暴雨；慈悲的念头如同和风甘露；严肃冷酷的念头如同烈日寒霜。这些情绪每个人都有，没有人会少得了，那如何成为身心的主人？只要这些情绪生起后能息灭下来，不去故意控制情绪的有无，便和天地宇宙合二为一。

这句话讲的是一种高深修养的境界，孔子年老了才做得到，他称之为：随心所欲不逾矩。而我们一般人平常必要时还是要培养心力和定力，掌控好自己的情绪。

【札记】

性本无我，心本无用，因识动而起用，用于穿衣饮食，用于行住坐卧，用于修行悟道……本来万里无云万里空，只是千江有水千江月。

十六

人肯当下休，便当下了。若要寻个歇处，则婚嫁虽完，事亦不少；僧道虽好，心亦不了。前人云：“如今休去便休去，若觅了时无了时。”见之卓矣。

——《菜根谭》

【意译】

这句话有意思，说的是一个人现在想要休息，当下就可以进行，如果一定要寻找一个妥妥当当的地方再开始，这就像以为找个对象结了婚就完事，却发现麻烦事更多；就算找到寺庙或道馆，剃头发着道袍，从此成为僧侣道人，却不知这一切只不过是环境转移、装扮改变而已，身出家了，心未必了脱颠倒烦恼。以前有人说过一句很有见地的话：“现在想休歇就当下让身心休歇下来吧，如果一定要寻找一个身心休歇的好时机，恐怕一直寻找都找不到哦！”

【札记】

当下就是，何须他觅？

十七

世人只缘认得我字太真，故多种种嗜好，种种烦恼。前人云："不复知有我，安知物为贵？"又云："知身不是我，烦恼更何侵？"真破的之言也。

——《菜根谭》

【意译】

老子说："吾有大患，为吾有身。"世人因为把"我"看得太重，太认真，由此产生种种欲求爱好，种种烦恼缠身。以前有人说："如果没有一个'我'的认知，又怎会知道外界事物的好？"又有人说："知道现在的身体并不是我，烦恼又怎会来缠绕？"这些话细细琢磨，确实是说中了重点，很有道理！

【札记】

活也臭皮囊，死也臭皮囊。

凡人愚痴喜颠倒，本来无我遍寻我；

错认六根中有真，空中寻花水淘月。

十八

伏久者飞必高，开先者谢独早。知此，可以免蹭蹬之忧，可以消躁急之念。

——《菜根谭》

【意译】

伏藏越久的鸟儿一旦飞起，必定会飞得很高，越早开的花朵凋零得越快。明白这个道理，可以免去仕途不顺、怀才不遇的忧愁，也可以消除急于求取功名利禄的念头。

【札记】

凡夫之辈，鼠目寸光，只关注眼前利益，没有远见。聪明人走一步算三步，不计较暂时得失。有志者会把大半生谋划在内，以数十年之力达成所愿。更有远超者，以三世轮回为眼界或以永脱生死为目标。如更进一步呢？则不可思不可言。

十九

天地有万古，此身不再得；

人生只百年，此日最易过。

幸生其间者，不可不知有生之乐，亦不可不怀虚生之忧。

——《菜根谭》

【意译】

天地永恒存在，万古不灭，而人则是天地间的过客，这副身躯死去就不再重复；人的一生只有区区百年，一眨眼的工夫就过去了。有幸活着的人，不可以不知道活着就是一种快乐，也不可以没有虚度光阴的警惕。

【札记】

修行人眼里，时间没概念，空间无边界，只因身在娑婆，仍有情缘与业债，身虽随共业慢慢流，心且把个业渐渐消。

二十

时当喧杂，则平日所记忆者，皆漫然忘去；

境在清宁，则夙昔所遗忘者，又恍尔现前。

可见静躁稍分，昏明顿异也。

——《菜根谭》

【意译】

在喧闹嘈杂的时候，平时记忆中的事物都浑然无知地忘掉；在清静的时候，以前所遗忘的事物又仿佛浮现在眼前。可见一个人在宁静和烦躁的时候，精神上有昏昧和灵明的不同。

【札记】

静时思绪多，是身定心不静。

二十一

人生减省一分，便超脱一分。如交游减，便免纷扰；言语减，便寡愆尤；思虑减，则精神不耗；聪明减，则混沌可完。彼不求日减而求日增者，真桎梏此生哉！

——《菜根谭》

【意译】

人生如果能够减少一分俗尘，便能超脱一分。例如，出游交际减少，便能少一些纷纷扰扰；言语减少，便能免去一些过失怨恨；思虑少一些，精神便会少损耗；少一些聪明算计，便能多回归一些天真本性。那些不求能日渐减少，而希望日渐增多的人，把自己的人生真实地束缚住了，等于上了一道道枷锁。

【札记】

为学需日长，为道需日损。

修行，是人生不断地做减法的过程。

二十二

延促由于一念，宽窄系之寸心。故机闲者，一日遥于千古，意广者，斗室宽若两间[①]。

——《菜根谭》

【意译】

时间的长短是人的感觉，空间的宽窄基于人的观念。所以对于心灵闲适的人来说，一天的时间比上千年还要长，对于心胸开阔的人来说，狭小的房间却好像天地间一样宽广。

【札记】

心开，才能开心。

① 两间：指天地间。

二十三

无风月花柳，不成造化；

无情欲嗜好，不成心体。

只以我转物，不以物役我，则嗜欲莫非天机，尘情即是理境矣。

——《菜根谭》

【意译】

如果没有清风明月和花草树木，天地间就没有万物生灵的变化和存在；如果一个人没有七情六欲和喜好爱憎，那就不存在身心。只要我们能转换对待事物的观念，而不被事物所转变，那么，一切情欲爱好都是自性天然的表现，尘世俗情都符合天理大道的运行。

【札记】

君本万尘不染，只是随尘飘扬。

二十四

毁人者不美，而受人毁者，遭一番讪谤，便加一番修省，可以释丑而增美；

欺人者非福，而受人欺者，遇一番横逆，便长一番器宇，可以转祸而为福。

——《菜根谭》

【意译】

诋毁别人是丑恶的，而受到诽谤的人，经受一次诋毁就相当于进行一番修身自省，可以改掉自己的不善而变得更加美好；欺负别人不是好事，而受到欺负的人，经受一次欺压，就会增加一番气度，可以转祸为福。

【札记】

受人毁而有自省者，百里挑一；

受人欺而成大度人，万众难寻。

二十五

欲遇变而不仓忙，须向常时念念守得定；

欲临死而无贪念，须向生时事事看得轻。

——《菜根谭》

【意译】

如果想在遇到变故的时候不慌张忙乱，那么平时行住坐卧都要能守得住定；如果想在临死的时候没有贪念，那么活着的时候所有的事情都不要看得太重。

【札记】

欲遇事不慌张，须平常念念守得住；

欲临死不贪恋，须生时事事看得轻。

二十六

功名富贵，直从灭处观究竟，则贪恋自轻；

横逆困穷，须从起处究由来，则怨尤自息。

——《菜根谭》

【意译】

功名富贵，如果从它最终会消失来观察思维它的存在本质，那么贪恋追求的心思就会减轻；困境贫穷，如果从它最初发生的缘由思维，那么怨恨之心也就会消散。

【札记】

大部分时候，我们所做的事情，都只是因为想要，而不是因为需要。比如吃零食，并不是身体需要，而是心里想要。比如爱一个人，并不是对方需要你的爱，而是你想要爱对方。比如梦想，并不是这一生非得这样，而是自己想要如此。真正想明白这一点，人生或许更宽广。

二十七

两个空拳握古今，握住了还当放手；

一条竹仗担风月，担到时也要歇肩。

——《菜根谭》

【意译】

人从出生开始就紧紧地握住拳头，从过去到现在，双手不停地向外抓取、握紧，人们在不断的追求中获得，只是拥有之后，也要该放手时且放手。

依循某种方法去修行，寻找追风逐月般的逍遥生活，当有一天得到了，也要将方法放下，如乘舟渡河，过了河上了岸，不要把舟继续背着上路。

【札记】

世间法告诉我们要懂得取舍之道，人时刻都在做取舍，不管取还是舍，都要做到不悔，择善而从之，不善则弃之，此亦是为人之道。出世间法则告诉我们取舍皆空，取无可取，舍无可舍，自然没有取舍之苦，此亦证悟成佛之道。

二十八

兴来醉倒落花前，天地即为衾枕；

机息坐忘盘石上，古今尽属蜉蝣。

——《菜根谭》

【意译】

兴致来了，畅饮大醉，随意卧在落花前，天地就是我的被子和枕头；把妄动的心停歇下来，安心盘腿打坐在岩石上，会发现从古至今人类的生存时间也只是如蜉蝣一般朝生夕死，如此的短暂渺小而微不足道。

【札记】

人生越往后，身边的人一个个逝去，如何看待短暂的灿烂和漫长的岁月，将成为心灵的一项修炼。

庄子妻死，鼓盆而歌，应有性情上的洒脱；

有情不累，情深折寿，应学会对生命理性看待；

天地过客，匆匆来去，要知道今生只是擦肩情绪；

缘来则聚，缘尽则散，不妨随顺因缘合离。

二十九

静处观人事，即伊吕之勋庸，夷齐之节义，无非大海浮沤；闲中玩物情，虽木石之偏枯，鹿豕之顽蠢，总是吾性真如。

——《菜根谭》

【意译】

静下心来观察人事的变化，就算是伊尹、姜太公那样的开国伟业，伯夷、叔齐那样的节操义行，也无非是大海中漂浮的水泡而已；在闲暇时玩物赏景，虽然有时树木石头显得单调无情，野猪野鹿表现得愚蠢，可这些都是我们自性真如的一种显现。

【札记】

人类千万年，无常与变易；

一首交响曲，道尽分与合。

三十

忽睹天际彩云，常疑好事皆虚事；

再观山中古木，方信闲人是福人。

——《菜根谭》

【意译】

当看到天边美丽绚烂的彩云，让我想到世间所有美好的事物恰如这天上的彩云一样转瞬即逝；再看到山林间耸立的古树，才相信闲人才是真正的有福之人。

【札记】

未来荣华富贵虚浮飘渺，眼前粗茶淡饭贵在当下。

世易时移，对常人来说是件痛苦事，对修行人来说却只是平常事。

三十一

炮凤烹龙，放箸时与齑[1]蔬无异；

悬金佩玉，成灰处共瓦砾何殊？

——《菜根谭》

【意译】

品尝龙凤这样高贵的食材做成的菜，放下筷子后，其味道与一般饭菜并没有什么区别；身上佩金挂玉，可等百年之后骨肉成灰，这些东西又跟破砖烂瓦有何不同？

【札记】

世间多是画皮人，生旦净末丑何求？

若为名利演百年，终究不免一场空。

修行当修平直心，颠倒虚假中求真。

① 齑：(jī)，指捣碎的姜、蒜、韭菜等。

三十二

想到白骨黄泉，壮士之肝肠自冷；

坐老清溪碧嶂，俗流之胸次亦开。

——《菜根谭》

【意译】

想到白骨累累的黄泉之地，豪杰壮士的争强斗胜之心自然会冷却；坐在碧水青山的地方慢慢变老时，被尘俗所迷的心胸也会敞开。

【札记】

若明了生不带来、死不带去，那还执着什么呢？上辈子深爱过的人、伤痛的事、珍贵的物统统都带不来今生，也许上辈子相爱的今生陌路，怨恨的却成亲朋，若还执着，不是令人啼笑皆非是什么？今生所视所闻所尝所嗅所受也死不带去，所执着的与其临终方知一场空，何不如今先放下，换得清风和明月？

三十三

人知名位为乐，不知无名无位之乐为最真；

人知饥寒为忧，不知不饥不寒之忧为更甚。

——《菜根谭》

【意译】

世人只知道拥有名声和地位是人生的一大乐事，却不知道不受名声和地位所累的快乐才是真正的快乐；

世人只为饥饿和寒冷而忧愁，却不知道那些不愁衣食的人在精神上的空虚才是真正的痛苦。

【札记】

不求名，不求利，只求温饱与安定。

三十四

以幻迹言，无论功名富贵，即肢体亦属委形；

以真境言，无论父母兄弟，即万物皆吾一体。

人能看得破，认得真，才可以任天下之负担，亦可脱世间之缰锁。

——《菜根谭》

【意译】

从虚幻的现象而言，不只是功名利禄荣华富贵变化无常，即使是我们的血肉之躯也只是暂时存在的形体而已；从真实的体性而言，不只是父母兄弟亲属不是外人，即便是世间万物都和我同为一体。

所以人们对虚妄的现象要能看得破，而对宇宙万物的体性又要认得真切，才可以担负得起重任，也唯有如此才能真正脱离尘世的束缚。

【札记】

人生需要“提得起，放得下。”

提得起，人生无畏惧，不逃避不退缩，一切难题勇于承担；

放得下，人生无怨尤，事情过去不纠结，宠辱不惊看得开。

三十五

徜徉于山林泉石之间，而尘心渐息；

夷犹于诗书图画之内，而俗气潜消。

故君子虽不玩物丧志，亦常借境调心。

——《菜根谭》

【意译】

悠然漫步在山林泉石之间，世间的烦恼杂念渐渐平息下来；留恋沉醉于诗书图画当中，世俗的气息慢慢地消散。所以说品行高洁的人虽然不会玩物丧志，但也常常会借助外境来调适自己的心境。

【札记】

平时人养花，开时花养人。

瑞林

三十六

风花之潇洒，雪月之空清，唯静者为之主；

水木之荣枯，竹石之消长，独闲者操其权。

——《菜根谭》

【意译】

和风的轻拂，落花的飞舞，雪夜的空寂，明月的清幽，只有内心清静的人才能品味体会；

河水的涨落，树木的荣枯，竹的静静生长，石头的渐渐磨损，只有闲情逸致之人才能领略掌握。

【札记】

先愉快地享受生活，再去处理不愉快的事情。

三十七

山居清洒，触物皆有佳思；见孤云野鹤，而起超绝之想；遇石涧流泉，而动澡雪之思；抚老桧寒梅，而劲节挺立；侣沙鸥麋鹿，而机心顿忘。若一走入尘寰，无论物不相关，即此身亦属赘旒矣！

——《菜根谭》

【意译】

居住在山林中感觉清新洒脱，接触到的事物都会产生美好的遐思；看见天上孤云一朵，野鹤展翅高飞，会产生超凡脱俗的念头；遇到山谷间流淌的清泉流水，心灵感觉被洗涤了一番；抚摸着苍松翠柏和雪地中傲立的寒梅，会增添坚韧不拔、傲然挺立的节操；与沙鸥麋鹿相伴时，所有的心机都立刻被遗忘。如果一旦回到尘世，无论任何事物都与我无关，即便自己的身体也觉得是多余的。

【札记】

如果把痛苦归诸于外，痛苦会因此加深一层、持久一些。

三十八

兴逐时来，芳草中撒履闲行，野鸟忘机时作伴；

景与心会，落花下披襟兀坐，白云无语漫相留。

——《菜根谭》

【意译】

兴致来的时候，在芳草地上脱了鞋闲行漫步，野鸟都忘了警惕飞到身边来作伴；当景色与心灵交会时，在落花飞红之下披着衣裳静坐，白云静静地停留在头上不忍飘离。

【札记】

嗜静者，贪取白云幽石；

趋荣者，清歌妙舞不倦；

唯自得心性者，无往不适。

三十九

心地上无风涛，随在皆青山绿树；

性天中有化育，触处见鱼跃鸢飞。

——《菜根谭》

【意译】

心中没有烦恼，随处都是青山绿树好景致；自性中有生机造化之光，举目之处可见鱼跃鸟飞好风光。

【札记】

阳光一直都在，我们需要做的，只是从阴影中伸出手来。

四十

人心多从动处失真，若一念不生，澄然静坐，云兴而悠然共逝，雨滴而泠然俱清，鸟啼而欣然有会，花落而潇然自得。何地非真境，何物无真机？

——《菜根谭》

【意译】

人心大多数时候都是因妄想心动而失去真如本性的觉知，如果能妄念不生，清静安然地坐着，心念跟着天上的白云一起消逝在天际，和雨滴一同落下，变得清凉透彻，鸟鸣声起时欣然有所领会，看花飘落而洒脱自得，那么什么地方不是真如自性显现之境？什么事物不是让我们明心见性有所领悟的契机呢？

【札记】

人非草木，孰能无情，一旦情动，即要觉起，有情有觉，才能感受到云逝雨清、鸟鸣花落。

四十一

水不波则自定，鉴不翳则自明。故心无可清，去其混之者，而清自现；乐不必寻，去其苦之者，而乐自存。

——《菜根谭》

【意译】

水只要不起波浪自然会平静，镜子只要不蒙尘自然会明亮，因此人的心灵根本不用去刻意清洁，只要去除心中的妄想杂念，清净之处自然会显现；而快乐也不必刻意去寻找，只要除去心中的痛苦和烦恼，会发现快乐自然而然存在着。

【札记】

苦乐是一体两面的，追求多大的快乐，相对就会有多少苦伴随。

若无这般苦，何来彼样欢？

四十二

机息时，便有月到风来，不必苦海人世；

心达处，自无车尘马迹，何须痼疾丘山。

——《菜根谭》

【意译】

机心停歇下来时，便有明月清风的到来，不会再觉得人世间如苦海；当心通达无碍时，自然没有车马的喧嚣和劳碌，哪里还需要找一个僻静的山林呢？

【札记】

息心。

四十三

我贵而人奉之，奉此峨冠大带也；

我贱而人侮之，侮此布衣草履也；

然则原非奉我，我胡为喜？原非侮我，我胡为怒？

——《菜根谭》

【意译】

当我有权有势时，别人奉承我，只是奉承我头上的乌纱帽和官位而已；当我贫贱时，别人侮辱鄙视我，只是侮辱鄙视我的布衣和草鞋而已。

你看，别人奉承的不是我，我有什么好高兴的；别人侮辱鄙视的也不是我，我为什么要生气呢？

【札记】

人敬衣裳，是在看戏，观众；

我贵衣裳，是在演戏，戏子。

四十四

放得功名富贵之心下，便可脱凡；

放得道德仁义之心下，才可入圣。

——《菜根谭》

【意译】

一个人要能抛得开功名富贵的欲求，才能摆脱尘世的纷扰；一个人要能放得下仁义道德的念想，才能入得了圣贤之流。

【札记】

放下，再把“放下”也放下。

四十五

尼山[①]以富贵不义视如浮云，漆园[②]谓真性之外皆为尘垢。夫如是，则悠悠之事，何足介意。

——《菜根谭》

【意译】

不管是荣华富贵之好事，还是不合道义之坏事，孔子都将之视作浮云，庄子说除了自性真如以外的都是尘埃。如果真如此的话，那么世间悠悠万事，又有什么需要在意的呢？

【札记】

身在红尘中，须有拂尘功。

① 尼山：指孔子。

② 漆园：指庄子。

四十六

从冷视热，然后知热处之奔驰无益；
从冗入闲，然后觉闲中之滋味最长。

——《菜根谭》

【意译】

从冷静的角度看待热闹纷繁的名利追逐，会知道这一切毫无益处；从忙碌的生活状态中清闲下来，才品味出安闲的生活有最悠长的滋味。

【札记】

于过去世，明珠裹泥，今得擦拭，复现光明。
谨慎保住，于红尘中，光明虽存，须防蒙尘。

从老年回头看少年，争强好胜心立减；
从没落回头看浮荣，纷华奢侈心顿绝。

四十七

孤云出岫，去留一无所系；

朗镜悬空，静躁两不相干。

——《菜根谭》

【意译】

孤单的云朵从山间飘出，来去自由无牵无挂；明朗月亮高悬于天空，宁静喧嚣都不相干。

【札记】

心如挂日，任山川变迁，四季轮替，平等观照。

四十八

悠长之趣，不得于浓酽，而得于啜菽饮水；

惆恨之怀，不生于枯寂，而生于品竹调丝。

故知浓处味常短，淡中趣独真也。

——《菜根谭》

【意译】

回味无穷的乐趣，不是从甘醇的烈酒中获得，而是从清淡的饮食、简单的生活中得来；惆怅忧伤的情怀，不是在困苦寂寥中产生，而是在轻歌曼舞的享乐中产生。由此可见浓厚的味道很快就会消散，而清淡中的趣味才是最真实的。

【札记】

安于平淡者，因平淡中有真趣；

厌于喧嚣者，因喧嚣中生惆怀。

四十九

无事不生事，绝无意外之变；

有事不怕事，安度局中之危。

——《反菜根谭》

【意译】

没事的时候不故意惹是生非，这样才不会有意料之外的变化；事情来临的时候不怕事，这样才能安然度过事件中的危险境地。

【札记】

没事不生事，有事不怕事。

五十

交朋友增体面，不如交朋友益身心；

教子弟求显荣，不如教子弟立品行。

——《围炉夜话》

【意译】

与其结交各方人士做朋友来显示自己有面子，不如结交朋友来助益自己身心的成长；与其通过教导子孙和学生来获取荣耀，不如教育子孙和学生树立良好的品行。

【札记】

注意实用主义的交友原则：

要么现用现交，不用不交；

或者现交不用，留待后用。

五十一

愁烦中具潇洒襟怀，满抱皆春风和气；

暗昧处见光明世界，此心即白日青天。

——《围炉夜话》

【意译】

如果遇到忧愁烦恼的事情，具有潇洒的胸怀，那么对待他人会充满和蔼友好的态度；如果身处昏暗的境况，还能看到光明的一面，那么内心会像白日青天般的晴朗。

【札记】

修行当修平直心。

五十二

鲁如曾子，于道独得其传，可知资性不足限人也；

贫如颜子，其乐不因以改，可知境遇不足困人也。

——《围炉夜话》

【意译】

像曾子那么笨拙的人，还能在学问上得到孔子的真传，可见一个人的天资不足限制人的学习成长；像颜回一样贫困的人，不会因为环境而改变自己内心的快乐，可见环境和遭遇不足以成为一个人内心的牢狱。

【札记】

小时候被父母老师管，长大了被法律礼仪管，在此过程中慢慢学会自己管自己，希望有天饥时吃、困时睡，该住世时住世，该离开时离开，没有管，只有缘，逍遥自在。

五十三

余最爱《草庐日录》有句云："淡如秋水贫中味，和若春风静后功。"读之觉矜平躁释，意味深长。

——《围炉夜话》

【意译】

《草庐日录》是明代思想家吴与弼的作品，我最喜欢其中的一句话："淡如秋水贫中味，和若春风静后功。"意思是指清贫日子的滋味如同秋天流水一般淡泊明净，安静下来的内心仿佛春风一样和煦舒畅。读了以后感觉自负孤傲之心放下了，浮躁之气渐渐也消释了。

【札记】

每个人都有自己的心灵国度，那里光明与黑暗同在，无边无际。人们总喜欢去经营外在的世界，或从别人的世界里索求，却发现怎么都不满足，忘却了自己本有的美丽与富足。

卷四　道

一

天薄我福，吾厚吾德以迓[①]之；

天劳我形，吾逸吾心以补之；

天阨[②]我遇，吾亨吾道以通之。

——《小窗幽记》

【意译】

如果上天让我的福气变薄，我就积累我的福德来迎接这一变化；如果上天让我的身体劳碌不堪，我就用安逸放松的心来补偿身体的劳累；如果上天让我遭受种种厄运，我就努力提升修养让今生的际遇变得通达。

【札记】

天薄我福，吾积吾德以迎之；

天劳我形，吾逸吾心以补之；

天厄我遇，吾精吾道以通之。

---

① 迓（yà）：迎接。

② 阨（è）：同“厄”，阻塞。

二

仕途虽赫奕，常思林下的风味，则权势之念自轻；

世途虽纷华，常思泉下的光景，则利欲之心自淡。

——《小窗幽记》

【意译】

权势与利欲是烦恼的因缘。如果当了官，权势显赫，能够常常想一想荣华过去之后普通的生活，追求权势的念头也许会减轻一些；这一生一路走来，虽然纷繁华荣，如果能够想一想死后九泉之下的光景，贪欲也许会变得淡薄。

【札记】

上台时想下台时，权势再大又如何？

活着时想死后时，浮华一生又如何？

三

安详是处事第一法，谦退是保身第一法；

涵容是处人第一法，洒脱是养心第一法。

——《小窗幽记》

【意译】

安心祥和是处理事情的第一法，谦虚退让是保全身体的第一法；涵养包容是与人相处的第一法，洒脱放下是调养心灵的第一法。

【札记】

事临不惊心，祥和化戾气；

谦虚不招憎，退让化干戈；

涵养要真修，容人要有量；

洒水灭妄尘，脱手不留情。

四

无事便思有闲杂念头否，有事便思有粗浮意气否，得意便思有骄矜辞色否，失意便思有怨望情怀否。

时时检点得到，从多入少，从有入无处，才是学问的真消息。

——《小窗幽记》

【意译】

没事的时候便检点自己是否有闲杂的念头，有事的时候便考虑自己是否浮躁意气用事；得意的时候要自省是否有骄傲矜持的言辞和脸色，失意的时候要考虑自己是否有抱怨的情绪。时时检查反省这些，从多变少，从有到无，这才是把学问真正落到实处，换句说法：这才是真正的修行！

【札记】

时时自省，才算修行。

曾子说："吾日三省吾身，一是检讨自己对朋友好不好；二是检讨自己学习认不认真；三是检讨自己做事努不努力。”这是从人乘的修行道路出发，需要这样子用功。如果继续修行下去，一天三省已经不够，而是时时刻刻都要反省自己，一天有 86400 秒，每一秒都要明明白白，这一秒迷失了，下一秒就要醒过来。

若生活中遇到违缘的事情，即当下反思自己的言行，要明白天道好还、无往不复和因果报应的道理。

如何面对违缘？一是勇于承担，坦然接受，就当是为过去所造下的恶业还债；二是视做修行的逆增上缘、精进的好时机，也便于检视自身还有哪些粗细污垢；三是知违缘为心性所显，本体为空。

白石

五

日月如惊丸[①]，可谓浮生矣，惟静卧是小延年；

人事如飞尘，可谓劳攘矣，惟静坐是小自在。

——《小窗幽记》

【意译】

人的一生，时光飞逝，如一掠而过的弹丸，只有静卧能稍稍延长一下年月；

尘世间的事，好像飞扬的尘土，一场接一场，纷扰不休，只有静坐能得到片刻自在。

【札记】

静卧，能让精神稍长；

静坐，能让思想渐澈。

① 惊丸：惊飞的弹丸，比喻时光飞逝。

六

一间屋，六尺地，虽没庄严，却也精致；蒲作团，衣作被，日里可坐，夜间可睡；灯一盏，香一炷，石磬数声，木鱼几击；龛常关，门常闭，好人放来，恶人回避；发不除，荤不忌，道人心肠，儒者服制；不贪名，不图利，了清静缘，作解脱计；无挂碍，无拘系，闲便入来，忙便出去；省闲非，省闲气，也不游方，也不避世；在家出家，在世出世，佛何人，佛何处？此即上乘，此即三昧。日复日，岁复岁，毕我这生，任他后裔。

——《小窗幽记》

【意译】

一间屋子，六尺方圆，虽然没有佛堂的庄严，却也精致；用蒲草作垫子，衣服当被子，白天有得坐，晚上可以睡；一盏灯，一炷香，可以敲敲石磬，打打木鱼，佛龛常关着，家门常闭着，好人放进来，坏人就回避；头发不剃光，肉食也可尝，修道人的内心，儒家般的外在；不贪心，不图利，也不贪求清净，也不追求解脱；没有牵挂，没有束缚，闲时待在屋子里，有事时出去忙一忙；省去是非和闲气，不四处游历，也不避开世间；在家出家，在尘世间在世间外，谁是佛？佛又在何处？这就是上乘的佛法修行，这就是定的境界。日复一日，年复一年，如此这般过我这一生，不管后辈如何了。

【札记】

无论出家在家，出世入世，修行只在日常事。

亿万年以来，人间的变化反反复复，只是换了不同的外表和语言，人心人性还是一个样子。活到一定的岁数，身边可语者寥寥无几，长寿是美梦，美梦做久了也倦然。

厌倦烦嚣都市，出没山水深处，是身出世；
不避红尘纷扰，喜怒心不染着，是心出世。

七

人言天不禁人富贵，而禁人清闲，人自不闲耳。若能随遇而安，不图将来，不追既往，不蔽目前，何不清闲之有？

——《小窗幽记》

【意译】

人们说老天不会禁止人富贵，但会禁止人清闲，其实是人自己闲不下来罢了。如果能够随遇而安，不谋划未来，不追忆过去，不被眼前的事物所迷惑，又怎会没有清闲呢？

【札记】

清福是一个人最大的福报。

清福，清静无扰之福报。当自己闲着没事干的时候，往往意味着自己在享清福，享受着清静无扰的福报。有些人是无福消受，有些人是身在福中不知福，好不容易清静下来，还内心忐忑不安，恨不得有人来打扰自己，没人来就自己去找人说事，以免别人不知道自己的存在，是苦是乐，傻傻分不清楚。

八

寒山[1]诗云："有人来骂我，分明了了知。虽然不应对，却是得便宜。"此言宜深玩味。

——《小窗幽记》

【意译】

这是一首寒山高僧写的偈子，意思是："别人辱骂我，我心里清楚明白，虽然我不回应对方，好像吃了亏，其实我却是得了好处。"这首偈子含义很深，值得细细琢磨，深深思考。

【札记】

赢得一番口舌利，输去九千层功德。

① 寒山：唐代著名得道高僧。

九

我有功于人，不可念，而过则不可不念；

人有恩于我，不可忘，而怨则不可不忘。

——《小窗幽记》

【意译】

我对别人有功，不可以总是念着，能忘却最好。而对别人犯的过错，却不可不记在心里，尽早寻找机会惭悔弥补；别人有恩于我，不可忘恩，但别人对我的不好要早早忘掉。

【札记】

人生的账簿上，出账栏里过错越少越好，进账栏里怨恨越少越好。

十

事遇快意处当转，言遇快意处当住。

——《小窗幽记》

【意译】

事情发展到最快意的阶段时，心要懂得转换，说话说到最痛快时，话记得要打住。否则物极必反，阳极阴生，当知快意的最高处是失意的开始。

【札记】

如果“得意须尽欢”，别忘“兴尽晚回舟”。

十一

闭门阅佛书，开门接佳客，出门寻山水，此人生三乐。

——《小窗幽记》

【意译】

关起门来阅读参研佛经，打开门迎接亲朋好友，出门寻觅游览山水风光，这是人生三大乐事。佛法能让人洞悉世事本源真相，佳客是学习交流的好对象，山水风光能让人心情开朗。

【札记】

现代人的烦恼根源有三类：一是看杂书不看真经；二是宅在家里不外出；三是身边缺少优秀的好朋友。

十二

耳目宽则天地窄，争务短则日月长。

——《小窗幽记》

【意译】

人的眼、耳、鼻、舌、身、意六根，平常最耗神的是双眼，其次是耳朵，再次是意识。每天双眼双耳用得多了，天地就变得狭窄，如果能够少一些争长争短的心思，岁月会显得悠长。

【札记】

养生三道药：目不极视，耳不极听，意不极思。

十三

事有急之不白者，宽之或自明，毋躁急以速其忿；

人有操之不从者，纵之或自化，毋操切以益其顽。

——《菜根谭》

【意译】

事情紧急迫切之下不能明白的，宽松从容一下或许能够水落石出，不要因为急躁让对方恼怒；有些人你让对方做一些事情，对方不听从，试着放松约束，他也许会自我归化、觉悟，不要因为操之过急使对方产生逆反心理，变得更加顽固不化。

【札记】

如果能够懂人情、明人心，那么无论是管理工作，还是子女教育，都无往而不利。

十四

饥生阳火炼阴精，食饱伤神气不升。

——《小窗幽记》

【意译】

这是饮食养生要点。适度的饥饿不会影响人的健康，饥饿能使人体生阳火，正好锻炼人体的阴精，如果吃得过饱反而会伤精神，元气不能上升。要知道，食物是需要气血去运化的，太饱了，气血两亏。

【札记】

饱暖思淫欲，恰是伤身时；

只为口腹欲，不知饱之苦；

神似得悦愉，身却伤无语；

福报若不修，终有用尽时；

少用能知足，少吃才是福。

十五

葆真莫如少思，寡过莫如省事；

善应莫如收心，解醪莫如淡志。

——《小窗幽记》

【意译】

保持天性纯真的方法莫过于少些思虑，减少过失的方法是少热心于各种事务，多做多错，少做少错；收敛身心反而是应对世事的佳选，有愁苦才需要借酒来解除，可是借酒浇愁愁更愁，想想愁苦的根源也许是志向过高难以实现，因此，没有什么像淡泊自己的志向更能解除醉酒之苦了。

【札记】

少思是少些思虑；

省事是减省不善的言行；

收心是收起对外界杂趣的向往；

淡志是淡化不切实际的愿望。

十六

行合道义，不卜自吉；

行悖道义，纵卜亦凶；

人当自卜，不必问卜。

——《小窗幽记》

【意译】

行为合乎道义，不用占卜自然是吉利的；行为违背道义，即使占卜结果是吉兆，实际上也不会吉利；人应当根据自己的行为自行占卜吉凶，而不是盲目去求神问卜。

【札记】

问卜不如问己，因果从来不虚。

十七

书室中修行法：心闲手懒，则观法帖，以其可逐字放置也；手闲心懒，则治迂事，以其可作可止也；心手俱闲，则写字作诗文，以其可以兼济也；心手俱懒，则坐睡，以其不强役于神也；心不甚定，宜看诗及杂短故事，以其易于见意不滞于久也；心闲无事，宜看长篇文字，或经注，或史传，或古人文集，此又甚宜于风雨之际及寒夜也。又曰："手冗心闲则思，心冗手闲则卧，心手俱闲，则著作书字，心手俱冗，则思早毕其事，以宁吾神。"

——《小窗幽记》

【意译】

现代人看书的多，有自己书房的也多，在书房，阅读写字是陶冶性情的好办法，能够让人从凡尘中稍稍脱离出来。我们来看看古人书房修行法：心有闲工夫，但手却懒得动时，可以观看名家字帖，因为它可以一个字一个字地放置；手有闲工夫，但心却懒得动时，可以做一些不紧急的事情，因为它们可做可不做；心与手都闲时，可以写写字或作文章，因为这样可以兼顾手和心；心与手都懒时，可以或坐或睡，因为这样不会过度损耗精神；心不太安定时，适合看些诗或者短小的故事，比如唐诗宋词、《百业经》《四十二章经》《梦溪笔谈》《阅微草堂笔记》等，因为这些书容易看明白，不用寻思很久；心闲无事时，宜于看长篇的文字，或者是经书注释，或者是史书传记，或者是古人的文集，而且特别适合风雨天或在寒冷的长夜里进行。另外，又有一种说法："手忙心闲就思考，心忙手闲就卧睡，心手都闲就习字写书，心手都忙时就想着早点结束事情，好让精神安定下来。"

【札记】

莫把书房当摆饰，如能善用是道场。

修行何须山水间，蜗居虽小有天地。

十八

片时清畅，即享片时；半景幽雅，即娱半景；不必更起姑待之心。

——《小窗幽记》

【意译】

平时能有片刻清爽舒畅时，便好好享受这一片刻；如果遇到半片幽雅景致时，便好好欣赏这半片景观；不必另起等待之心。

【札记】

今朝有酒今朝醉，活在当下；

莫待花落空折枝，未来不悔。

十九

闲暇时，取古人快意文章，朗朗读之，则心神超逸，须眉开张。

——《小窗幽记》

【意译】

平时有空的时候，翻开古人写的让人心情舒畅的文章，大声诵读，会觉得心神超脱飘逸，连胡子眉毛都会张开来。这也是现代人排解烦忧的一个好办法。

【札记】

闲来无事书为伴，无所求时睡最安。

二十

吕圣公之不问朝士名，张师亮之不发窃器奴，韩稚圭之不易持烛兵，不独雅量过人，正是用世高手。

——《小窗幽记》

【意译】

吕蒙正不追问那个在朝堂上讥笑他的人的名字，张齐贤不揭发那个在家宴上偷银器的奴仆，韩琦不把那个不小心拿蜡烛烧了他胡须的侍从换掉，这三位古时的名人名将何止雅量过人，而且还是善于处世的高手啊。

【札记】

莫言无心过，亦或有心错；

君本雅量人，当有容人处。

二十一

面上扫开十层甲，眉目才无可憎；

胸中涤去数斗尘，语言方觉有味。

——《菜根谭》

【意译】

脸上揭开层层强颜伪装的面具，心中掀开重重自我防护的装甲，眉目间才没有可憎之处，才能不憎人，亦不被人憎；胸中洗去许多尘世间的俗气，言语才能有味道，才敢与人言，才有人愿闻。

【札记】

面甲其实是心防，取下层层护具，才见真实面目；

心尘其实是染污，洗去点点尘埃，才有动心真言。

二十二

读《春秋》，在人事上见天理；

读《周易》，在天理上见人事。

——《小窗幽记》

【意译】

如何看透人事除去烦恼？如何明白天理得到解脱？可以读《春秋》，在人事上明白天道至理；可以读《周易》，在天理上明了人情世事。

【札记】

读《周易》，懂《春秋》；读《春秋》，明《周易》。

二十三

少年人要心忙，忙则摄浮气；

老年人要心闲，闲则乐余年。

——《小窗幽记》

【意译】

少年人正值心浮气躁的年龄，有时让人烦恼不堪，如果让他心忙起来，少些娱乐，多些动脑，多些运动，特别是临近考试前期，忙碌起来可以有效收敛人的浮躁之气；而老年人的心要闲淡，这样可以乐享晚年。

【札记】

少年人心浮气躁，响鼓需重擂；

老年人精虚气散，细弦勿强弹。

獨秀山
借山圖之十八 白石

二十四

持身如泰山九鼎，凝然不动，则愆尤自少；

应事若流水落花，悠然而逝，则趣味常多。

——《菜根谭》

【意译】

将身心把持住，须如泰山九鼎一样，屹然不动，那么过错就会减少；应对事情的时候，如流淌的水飘落的花那样自然随缘，那么人生的趣味就会增多。

【札记】

持身需有泰山九鼎般定力，处事应如流水落花般随缘。

二十五

一念常惺，才避去神弓鬼矢；

纤尘不染，方解开地网天罗。

——《菜根谭》

【意译】

心里时时刻刻保持清醒，不被外界的诱惑和刺激迷晕了头，才能避免被人暗地里伤害；心里清清净净，纤尘不染，才能够解开天罗地网般种种束缚。

【札记】

不落纵横棋局，没有利益冲突，亦无争夺杀戮；

跳出得失空间，方得一片冰心，收获一生逍遥。

二十六

好察非明，能察能不察之谓明；

必胜非勇，能胜能不胜之谓勇。

——《菜根谭》

【意译】

事事都想搞得明明白白的人不一定是个明白人，事事了了于心，但该糊涂时能糊涂，该明白时能明白，这样才是个明白人。

什么事情都要讲输赢，凡事一定要赢得胜利的人不是真正的勇者，能输也能赢，经得起失败挫折的人才是真正的勇者。

【札记】

真当自己是聪明人，这样的聪明人也是个糊涂人。

凡事如果一定要赢，这样的勇敢者也是个失败者。

二十七

从静中观物动，向闲处看人忙，才得超尘脱俗的趣味；遇忙处会偷闲，处闹中能取静，便是安身立命的功夫。

——《菜根谭》

【意译】

安静的状态下观察世间万物的运动，在悠闲的时候看别人忙忙碌碌，才能体会到超凡脱俗的趣味；在紧张忙碌的时候学会偷点时间让自己歇息一下，在喧闹嘈杂的地方，能让自己的心稍稍安静下来，这可是安身立命的功夫。

【札记】

现代人有种病，症状是很颠倒；

闲时怕没事干，太忙了受不了。

人，最难的是什么事都不要做，最怕的是心里空空的，所以任何时候都想找点事情来做做，把心填充得满满的，时刻停不下来，也静不下来，哪怕老了退休了也一样，要是没有一点事做，内心的痛苦让人老得更快。

二十八

语云："登山耐侧路，踏雪耐危桥。"一"耐"字极有意味，如倾险之人情，坎坷之世道，若不得一"耐"字撑持过去，几何不堕入榛莽坑堑哉？

——《菜根谭》

【意译】

俗话说："爬山时要耐得住险峻难行的路，踏雪时要耐得住危险桥梁的考验。"这一个"耐"字有深长的意味，如人情中的险恶，世间的坎坷，如果不是一个"耐"支持着走下去，怎么不会掉进杂木丛生的深沟里？

【札记】

佛法叫忍辱，儒家称大勇；

常人说忍耐，名异理相同。

二十九

福不可邀，养喜神，以为招福之本而已；

祸不可避，去杀机，以为远祸之方而已。

——《菜根谭》

【意译】

福报是不可以求的，常常培养随喜之心，才是招来福报的根本；灾祸真要降临也是不可避免的，去除自己不善的杀心，不去伤害他人，这才是远离灾祸的根本。

随喜，是佛法中的名词。意思是指看到别人好自己心中欢喜，不嫉妒，也是积德积福的一种修行法门。这里翻译成随喜与原文含义未必一样，但只有这样理解才符合因果定律，才能说是招来福报的根本。

【札记】

福报是过去种下的因，现在结了果，它是有数的，就如同银行存钱一样，辛辛苦苦 20 年存下 500 万元，你可以一下子用完，也可以慢慢取着用，最好是将这 500 万元省着用的同时，还拿出大部分用来种福田，这样福报无穷无尽矣。

三十

知成之必败，则求成之心不必太坚；

知生之必死，则保生之道不必过劳。

——《菜根谭》

【意译】

任何事业有成功必定也会有失败的时候，如国家疆土，合久必分，分久必合，有兴盛就会有衰败，只是时间的长短而已。知道这一点，也许可以放松那颗过于追求成功的心；同样的道理，一个生命体，只要活着就一定会有死亡的时候，想明白这一点，也许不会过于注重养生之道。

【札记】

知无常变易，不执着长存。

三十一

衰飒的景象，就在盛满中；

发生的机缄，即在零落内。

故君子居安宜操一心以虑患，处变当坚百忍以图成。

——《菜根谭》

【意译】

衰败的状况在兴旺发达时萌生；机会的出现总是在没落时种下因缘。所以君子居安时思危，处惊变时坚忍不拔，以图来日的成功。

【札记】

种子发芽是在黑暗中产生；

花蕾绽放前会有风雨敲打。

三十二

居盈满者，如水之将溢未溢，切忌再加一滴；

处危急者，如木之将折未折，切忌再加一搦。

——《菜根谭》

【意译】

当一个人的事业到达顶点，好像装满了水，快要溢出来又还没溢出来时，这个时候千万不要再加一滴水；

当一个人处于危险紧急的时候，好像一根树枝快要断又还没断，这个时候千万不要再对他施加一点压力。

【札记】

压倒骆驼的是最后一根稻草，而打垮一个人往往只是一句话、一个眼神、一个念想……

三十三

人之际遇，有齐有不齐，而能使己独齐乎？

己之情理，有顺有不顺，而能使人皆顺乎？

以此相观对治，亦是一方便法门。

——《菜根谭》

【意译】

每个人的机遇都不相同，怎能要求自己的机遇比别人更特别呢？自己的心理感受都会有顺心或不顺心的时候，又怎能要求别人事事都合乎自己的心意呢？如果依照这个道理反省修正自己的心行，也是一个修行的方法。

【札记】

以人事量己事，以己心度人心，这两处用得不好，反添得失心，道心日损减。用得好，心行得善利，道心日增长。

三十四

人情世态，倏忽万端，不宜认得太真。尧夫云：“昔日所云我，而今却是伊。不知今日我，又属后来谁。”人常作如是观，便可解却胸中罥[①]矣。

——《菜根谭》

【意译】

人情冷暖，世态炎凉，变化无常，不要太过认真。北宋哲学家邵雍曾经说过：“曾经别人口中的我，如今却换作了他，不知道今天的我，明天又会变成别人眼中的谁？”一个人如果能够这样检查思考，也许可以解开人生许多烦恼。

【札记】

曾经是我，如今是他，有啥可得意？

今天是甲，明天是乙，风水轮流转。

① 罥（juàn）：缠绕。也寓意烦恼忧愁。

三十五

念头起处，才觉向欲路上去，便挽从理路上来。一起便觉，一觉便转，此是转祸为福，起死回生的关头，切莫轻易放过。

——《菜根谭》

【意译】

这句话讲的是修行中观照法门的要点，不同于一般学者的翻译，但又包含了一般学者们的理解，在生活中的理解运用可参照如下翻译：当心中浮起不善的念头时，比如刚刚浮起贪欲的念想，要赶快用理智将心拉回正道。如果能够做到坏的想法一生起就察觉到，觉察到了就赶紧转换过来，外在的行为才不会有问题。这是转祸为福、起死回生的关键，千万不要轻易放过。

【札记】

一念生起，便分左右，天堂地狱，任尔选择。

三十六

登高使人心旷，临流使人意远；

读书于雨雪之夜，使人神清；

舒啸于丘阜之巅，使人兴迈。

——《菜根谭》

【意译】

排忧解闷的方法很多，其中一种是借助大自然：登高望远可以使人心旷神怡，江河边看流水可以使人意兴深远；在飘雪或下雨的夜晚看书可以使人神清气爽；在小山丘上纵情放声大喊嚎叫，可以使人意兴豪迈。

【札记】

心随文字流转，好文佳句也能让人赏心悦目；

景随时光变迁，不同时间可借不同环境调心。

三十七

天地景物，如山间之空翠，水上之涟漪，潭中之云影，草际之烟光，月下之花容，风中之柳态。若有若无，半真半幻，最足以悦人心目而豁人性灵，真天地间一妙境也。

——《菜根谭》

【意译】

烦忧时可以借助天地间的景物来舒缓，如山间空灵的翠色，水面上的层层涟漪，水潭中白云的倒影，草地上的迷离烟火，月光下的美丽花朵，风中飘逸的柳枝，都好像若有若无，亦真亦幻，最让人赏心悦目，又能启迪心灵，这真是天地间的美好境界。

【札记】

借境可以修心，借境可以舒情。

心无染著，欲境是仙都；

心有系恋，乐境成苦海。

三十八

事稍拂逆，便思不如我的人，则怨尤自消；

心稍怠荒，便思胜似我的人，则精神自奋。

——《菜根谭》

【意译】

遇到不如意的时候，就想想处境不如自己的人，也许这样会少一些怨忧的心情；心中稍稍有一些懈怠的时候，就想想那些比自己强的人，精神自然能振奋起来。

【札记】

有对比，才有进步；有对比，才会幸福。

三十九

不虞之誉不必喜，求全之毁何须辞。

自反有愧，则无怨于他人；自反无愆，更何嫌众口。

——《菜根谭》

【意译】

意料之外的赞誉不必欢喜，求全责备或毁谤也不用辩解。自己反省一下，如果心中有愧，就不能怨恨别人，如果没有过失，别人爱怎么说就怎么说去。

【札记】

事成不必邀功，无过便是功；

布施不求感恩，无怨便是德。

四十

古德云："竹影扫阶尘不动，月轮穿沼水无痕。"吾儒云："水流任急境常静，花落虽频意自闲。"人常持此意，以应事接物，身心何等自在！

——《菜根谭》

【意译】

古时候禅宗大德说过："竹影扫过台阶尘埃不会飞动，圆月穿过池面，水面没有痕迹。"我们儒家学者也说过："水流湍湍而淌，并没有影响到周围幽静的环境，树上的花瓣纷纷落下的景状显得悠闲自在，不会有匆忙纷扰的感觉。"如果一个人能够秉持这样的心境来应对事物，身心是何等的自在！

【札记】

风来疏竹，风过而竹不留声；

雁过寒潭，雁去而潭不存影；

故君子事来而心始现，事去心即空。

四十一

今人专求无念，而终不可无。只是前念不滞，后念不迎，但将现在的随缘打发得去，自然渐渐入无。

——《菜根谭》

【意译】

这句讲的是修行中的观心法门。从心灵鸡汤角度可理解如下：人的许多烦忧是因为有太多的妄想杂念，如果想没有妄想杂念，终究是做不到的。只要前面的念头不停留，也不要去管接下来会有什么想法，当下有什么事情就好好处理，处理完就放下，这样自然而然不会受到杂念的干扰，甚至有时还能暂留在没有念头的清净喜乐境界里。

【札记】

凡夫六根，用过要休，事去不留；

心无挂碍，善护己心，可得喜乐。

《宗镜录》曰：“若不直了无心之旨，虽然对治折伏，其不安之相，常现在前。”这就是为什么我们为了快乐，不管怎么盘腿打坐、念咒抄经、学习心理学技巧、心灵鸡汤、人生哲理、娱乐玩耍、拼命赚钱，虽然一时奏效心安，可很快各种烦恼和痛苦又来了的原因。

四十二

我果为洪炉大冶，何愁顽金钝铁不可陶熔。

我果为巨海长江，何患横流污渎不能容纳？

——《菜根谭》

【意译】

如果我是一个巨大的炼钢炉，还怕什么样坚钝刚硬的金属不能熔炼？如果我是大海长江，还怕什么四处横流的污水不能容纳？

【札记】

达人心宽如海，小人心窄如渠。

四十三

完名美节，不宜独任，分些与人，可以远害全身；

辱行污名，不宜全推，引些归己，可以韬光养德。

——《菜根谭》

【意译】

美好的名誉和被称道的节行，不要一个人独占，应该分一些给别人，这样可以明哲保身；行为被辱骂和名节被抹黑时，不要完全归咎别人，应该自己担负一些责任，这样可以适度隐藏自己的光芒而增进品行修养。

【札记】

有好处记得多分享，有错误自己多承担。

四十四

人情反覆，世路崎岖。

行不去处，须知退一步之法；

行得去处，务加让三分之功。

——《菜根谭》

【意译】

人情冷暖变化无常，世间道路崎岖难行。走不通的时候，要学会退让的处世方法；一帆风顺时，更要懂得让三分好处给别人。

【札记】

行至崖前退后一步，踏上坦途侧让三分。

四十五

处世让一步为高，退步即进步的张本[1]；

待人宽一分是福，利人实利己的根基。

——《菜根谭》

【意译】

为人处世懂得谦让才是高明，现在退让一步是为了日后的进一步预留余地；待人接物学会宽容是好事，利益他人是日后方便自己的基础。

【札记】

人之过宜宽恕，己之过勿轻容；利益他人是本分，无报亦欢。

① 张本：意指作为伏笔而预先说在前面的话，也指为事态的发展预先做的安排。

四十六

不责人小过，不发人阴私，不念人旧恶，三者可以养德，亦可以远害。

——《菜根谭》

【意译】

不责备别人犯下的轻微过失，不揭露不发表别人的隐私，不记恨别人曾经犯下的错误，做到这三点可以培养自己的德行，也可以远离他人的伤害。

【札记】

说别人不是者，难见自己的过失；

言他人善行者，难掩自己的良善。

四十七

家人有过，不宜暴怒，不宜轻弃。此事难言，借他事隐讽之；今日不悟，俟来日再警之。如春风解冻，如和气消冰，才是家庭的型范。

——《菜根谭》

【意译】

家人犯了错，不可以大发脾气，也不要纵容放弃。如果事情不好直说，可以借助其他事物来暗示，如果他一时还难以悔悟，等以后时机适当再提醒劝告。好像温暖的春风化解冻土，暖和的气候融化冰山，不急不躁，缓缓进行，才是和睦家庭的模范。

【札记】

族亲相争，宜从容，不宜激烈；

朋友之过，宜恳切，不宜轻忽。

四十八

觉人之诈，不形于言；受人之侮，不动于色。此中有无穷意味，亦有无穷受用。

——《菜根谭》

【意译】

当察觉到别人欺骗我们时，不要马上在言谈中表现出来；当受到别人侮辱时，不要立刻在表情神态上显现出来。这当中包含了许多值得深思玩味的地方，让人一生受用不尽。

【札记】

心光明耀方能洞察机诈，洞察机诈不改心光明耀。

四十九

己之情欲不可纵，当用逆之之法以制之，其道只在一忍字；

人之情欲不可拂，当用顺之之法以调之，其道只在一恕字。

今恕以适己，而忍以制人，毋乃不可乎！

——《菜根谭》

【意译】

自己的情绪欲望不可以放纵，应当用克制态度来控制，其方法就是一个“忍”字；别人的情绪欲望不要蛮横地反对，应当用疏导的方法调节，其方法就是一个“恕”字。如果用宽容的方法对待自己的情欲，用克制的方法去对待别人的情欲，这就不可以了。

【札记】

看破不说破，受侮能忍辱。

五十

士君子处权门要路，操履要严明，心气要和易，毋少随而近腥膻之党，亦毋过激而犯蜂虿之毒。

——《菜根谭》

【意译】

一个有品德和才华的人在官场身居要位时，操守一定要严格清明，而心境气度又要平易随和，不要轻易接近附和营私舞弊的奸党，但也不要过度偏激而触怒那些如毒蜂蛇蝎般的阴险小人。

【札记】

这是官场和职场明哲保身的建言，在一些过渡期很有必要，长远来看，如要有所作为，则该出手时要出手，此间度的拿捏实如走悬崖钢丝。

五十一

人欲从初起处剪除，似新萌遽斩，其功夫极易；

天理自乍明时充拓，如尘镜复磨，其光彩更新。

——《菜根谭》

【意译】

人的不善欲望刚刚萌生时就要剪除掉，好像小草刚露头就马上除掉会比较容易，不费功夫；

天地间的真谛初初明白时就要扩充夯实其中的道理，好像蒙尘的镜子要不断地擦拭，它的光彩会更明亮。

【札记】

修行须是铁汉，一切是非莫管；

起心动念有别，挥起慧剑立斩。

五十二

交市人不如友山翁，谒朱门不如亲白屋；听街谈巷语，不如闻樵歌牧咏，谈今人失德过举，不如述古人看嘉言懿行。

——《菜根谭》

【意译】

与市井商人结交往来，不如和山野老人相交相识，攀结豪门富贵，不如亲近布衣百姓；听街头巷尾谈论是非，不如听樵夫的高歌和牧童的咏读。有空批评现代人的过失，不如传述古今先贤有益的言语和行为。

【札记】

有些人，越了解越望之却步；

有些人，越了解越渐入佳境。

五十三

胜私制欲之功，有曰：识不早，力不易者。有曰：识得破，忍不过者。盖识是一颗照魔的明珠，力是一把斩魔的慧剑，两不可少也。

——《菜根谭》

【意译】

这句话可以从定慧双修的角度来说明：

对于战胜私情和克制欲望的功夫，有人说："如果对于私欲意识觉察得太迟，定力就不能够尽早改变它。"还有人说："虽然意识觉察到了私欲之心在萌动，定力仍可能抵制不住诱惑。"这些情形都是因为心识是观照觉察心魔的明珠，是一种智慧的力量；而定力是斩除心魔的宝剑，是掌握在慧心手上的武器，两者缺一不可。

【札记】

定慧是两足，双修不能偏；

两者力不均，犹如跛足人。

五十四

生长富贵丛中的，嗜欲如猛火，权势似烈焰。若不带些清冷气味，其火焰不至焚人，必将自烁矣。

——《菜根谭》

【意译】

生长在富豪权贵的环境中，对物欲的贪求如同熊熊的大火，对权势的追求犹如燃烧的烈焰。如果不加点清凉的气息调和，那强烈的欲火即使焚烧不到别人，也会灼伤到自己。

【札记】

若问何谓清凉药，一是苦口良言，二是琴棋书画，三是慈悲智慧，四是逆境挫折，五是史书佛经。

種瓜五月已蟠蓬六月南方風雨时其蔓垂垂見瓜日秋風又向山園吹白石并題舊句

五十五

爽口之味，皆烂肠腐骨之药，五分便无殃；

快心之事，悉损身败德之媒，五分便无悔。

——《菜根谭》

【意译】

美味可口的食物，吃多了便成了伤害肠胃、有损健康的毒药，但控制在五分饱就不会影响；快乐的事情，往往是让人身败名裂的媒介，但如果能控制在五分的愉悦上就不至于愧悔。

【札记】

都说人生得意须尽欢，却鲜有人言尽欢之后是何滋味，对呀，是何滋味？值得思考。

五十六

非理外至，当如逢虎而深避，勿恃格兽之能；

妄念内兴，且拟探汤而疾禁，莫纵染指之欲。

——《菜根谭》

【意译】

面对违背情理的言行，应当如遇到老虎一般远远避开，不要逞能与猛兽搏斗；当妄想的念头生起时，应该像把手伸到热水里一样快速收回来，不要放纵自己的欲望。

【札记】

该出手时就出手，应有所为；

审时度势勿逞能，有所不为。

五十七

生平不思过去，思过去徒增懊恼；不思未来，未来不可知，思亦无益；只思现在，一切随缘，云何不乐？

——《反菜根谭》

【意译】

这辈子活着的时候，不思念过去，思念过去只会给自己增添后悔和烦恼；也不去想象未来，未来是怎样的不知道，想来想去没有益处。只把心思放在当下，一切随缘，如能做到这样，怎么会不快乐呢？

【札记】

若欲立足天下，成就一番丰功伟业，则需观古思今，先众生之忧而忧，后众生之乐而乐。

五十八

平生有三不争，一不与俗人争利，二不与文士争名，三不与无谓人争气。

——《反菜根谭》

【意译】

人这一生有三个不争：一是不与庸俗的人争夺利益，二是不跟文人争名誉，三是不和那些不知所谓的无关人士斗气。

【札记】

人生苦短变化无常，心愿无穷但精力有限；

从此往后珍惜时光，不浪费在无缘人身上。

五十九

难得糊涂，才避去神弓鬼矢；

和光同尘，方解开地网天罗。

——《反菜根谭》

【意译】

遇到一些事情，要能做到难得糊涂，别太计较，别太当真，才可以避免被人暗中伤害；

对于一些人和事，要做到和光同尘，混迹其中，不要显得鹤立鸡群或者标新立异，才能够解开人生中的种种束缚。

【札记】

难得糊涂，但不是做一个糊涂虫；

和光同尘，可不要做一个老好人。

六十

治有病，不若治无病；疗身，不若疗心；使人疗，不若先自疗；自疗心，更不若自养心。养心之法，在一“省”字。省多言，省笔札，省交游，省妄想，是为居敬[①]养心耳。

——《反菜根谭》

【意译】

有病的时候才治病，不如无病的时候多注意身体；治疗身体，不如治疗好自己的心；找人治疗，不如先自己治疗；治疗自己的心，不如养好自己的心。

养心的方法，关键在一个“省”字上。少说话，少书写，少交际，少妄想，这是持身敬重的养心办法。

【札记】

病由心生，现代人精神病日益严重，修心养性是良药。

---

① 居敬：持身敬重，恭敬。

六十一

视名利如水底捞月，视磨难如火内栽莲，一生方能如春风化柳。

——《反菜根谭》

【意译】

将名和利看作水里的月亮，不妨碍拥有，可远观，可近观，但不要太执着。

将困境磨难看作火里栽种莲花般的锻炼，努力从烦恼中得到解脱。

如果能做到以上两点，所有的外在影响将如同春风一样温暖，还能促进我们的成长。

【札记】

名利场中炼心性，磨难境中锻意志。

六十二

拂意时可饮热酒三杯，快心时可读《易经》一卷，

久安时须看云山变幻，初难时须想舟子撑篙。

——《反菜根谭》

【意译】

不顺心的时候，可以喝几杯热酒排解一下烦忧，顺心如意的时候可以读一读《易经》。如果生活安定了很长一段时间，别忘了去看一看天上白云的变动，山脉的起伏高低。遇到困难的最初阶段想一想那些撑船的人，在快速航行前总是要用几把力让船先动起来。

【札记】

适度饮食可调适生理，读经则可以调适心理，身心两适，才有一番自在。

六十三

多人道好，莫怨有人着恼；

事事尽心，无愧一事不终。

——《反菜根谭》

【意译】

大家都说好的时候，别怪有人会怨恨生恼；每一件事情都尽心尽力去完成，就不愧疚其中有一件事情没有成功。

【札记】

好！好！好！背后或许有一声不好！

成！成！成！即便尽心亦难免不成！

六十四

宁结一人之怨，不肯拂千百人之欢；

宁免一事之丑，不肯希千百事之荣。

——《反菜根谭》

【意译】

有时做一件事，宁愿让一个人怨恨自己，也不要让其他许许多多人不高兴；有时候，不要为了自己所做的许多事情能得到荣耀，而去干出一件丑陋的事情。

【札记】

应有所为，哪怕与一人结怨，也当为百千万人谋福利；

有所不为，即便做一件恶事，能带来无数的名誉实利。

六十五

要遣缘莫若随缘，似舞蝶之入花丛；

欲无事不如顺事，若张帆之下江流。

——《反菜根谭》

【意译】

遣缘就是隔缘，缘来了可以排除隔绝在外，却不如随缘，好似蝴蝶在花丛中飞舞；不想事情上身不如顺应事情的发生，事来则应，好像扬起风帆在江流中航行。

【札记】

浪欲平而风不停，树欲静而蝉不歇；

遣外境不如安内心，事来则应过去便休。

六十六

施恩勿计人是否忘其惠，立威当思人是否怨其酷。

——《反菜根谭》

【意译】

帮助了人不要计较他人是否记得自己的恩惠，展露了威严应当考虑别人是否怨恨自己过于冷酷不近人情。

【札记】

布施不记能施与所施，立威尤思人情与适量。

六十七

处安乐之场，当体患难景况；处患难之场，勿思安乐景况。

立旁观之地，要知当局苦衷；立当局之地，勿作旁观之想。

——《反菜根谭》

【意译】

当处于安宁快乐的境况时，要记得遭遇患难时是什么样子的；当处于患难的困境时，不要幻想自己身处安乐环境的状况，以免面对困难时意志不坚。

当站在旁观者的立场时，要能明白当局者的忧虑和难处；当身在事件的漩涡中，不要总想抽身事外，以免失去斗志和对局面的掌控。

【札记】

身在局中，要有旁观之心出局；

身在局外，要能设身处地入局。

六十八

己无过，佳也；能从无过中求有过，大佳也。

见人之过，智也；能从有过中求无过，大智也。

——《反菜根谭》

【意译】

自己不犯错，很好；如果还能从没有过失的言行中反省自己不足之处，更好！

能发现别人的过失，是明智的表现；如果在过失中还能看到别人的闪光点，这是智慧的表现。

【札记】

做人不怕犯错，就怕一错再错！

六十九

宁受人毁而不毁人，宁受人欺而不欺人。

善气迎人，亲如弟兄；恶气迎人，害于戈兵。

——《反菜根谭》

【意译】

宁愿被人伤害也不去伤害人，宁愿被人欺侮也不去欺侮人。

用善意和气与人迎来送往，彼此间如兄弟般亲近；如果抱着恶意与人相处，则危害如同兵戈相见。

【札记】

不怨人负我，但愿不负人。

七十

拂意事可对人言。言之，人多亦对己言彼之拂意事，共味人生艰难，意可转适。会心处还期独赏。求共赏，人或有不以为然者，甚或牛头马嘴，竟讨没趣。

——《反菜根谭》

【意译】

有些不顺心的事情可以跟别人聊聊，说了以后，别人也会说说自己不顺意的事情，彼此共同品尝人生的不容易，心情也会变好。有些顺心舒意的事情还是自己独自品尝好，跟别人分享了，对方或许会不以为然，甚至理解得牛头不对马嘴，只会讨个没趣。

【札记】

人生若有三两知己，则拂意事有人听，会心处能共享。

七十一

花开花落春不管，拂意事休对人言；

水暖水寒鱼自知，会心处还期独赏。

——《菜根谭》

【意译】

看那花开花落春风都没心思去理会，自己遇到不顺心如意的事情也不需要对别人谈；水暖水冷鱼儿自己心里清楚，心领神会的地方还是独自欣赏为好。

【札记】

拂意事不对人言，会心处还自独赏。

七十二

常将有日思无日，莫把无时当有时。

——《增广贤文》

【意译】

物质生活很富裕的时候，当家的人还要有忧患意识，常想想贫困时候的境况。

而当过着贫困的日子时，努力进取改善家人的生活条件，不要老是幻想着过上富裕生活。

【札记】

有人居安思危福延三代，有人居危思安空想一生。

七十三

责人之心责己，恕己之心恕人。

——《增广贤文》

【意译】

我们常常因为别人没有达到自己设定的标准和要求而责备对方，不如用衡量别人的标准和要求来考量自己，用这种自责的动力来让自己进步。

人们特别擅长为自己的过失寻找理由和借口，从而原谅自己，不如把这种本事用来宽恕别人的过错。

【札记】

责人之人未必有明人之心，恕己之人未必有自知之明。

七十四

笋因落箨[①]方成竹，鱼为奔波始化龙。

——《增广贤文》

【意译】

竹笋因为皮被一层一层地剥落才长成茁壮的竹子；鱼儿因为长年奔波游走，锻炼出强健的体魄才能十跃龙门变化为龙。

【札记】

遍体鳞伤过后是将军，也可能变成残废，奋力拼搏之后是冠军，也可能无名，可是，人生不能因为存在各种可能而不去尝试，一旦开始，只问耕耘不问收获。

① 箨：皮。

七十五

儿孙自有儿孙福，莫为儿孙作马牛。

——《增广贤文》

【意译】

子女后代今生有各自的因缘果报，从佛法的角度看，今生能享多少福，前世已注定，如果要想多福少灾，还得靠自己多修行。做父母长辈的，但且放开心，不要为儿孙后代做牛做马，自己也好好修行吧，来生才能为他人做更多的布施。

【札记】

做牛做马为儿孙，难见儿孙还株草；

且让儿孙迎风雨，莫让慈悲生祸害。

七十六

受恩深处宜先退，得意浓时便可休；

莫待是非来入耳，从前恩爱反为仇。

——《增广贤文》

【意译】

得到别人的恩惠太多时要赶快退出，不要继续领受下去，志得意满的时候便可以停下来了，不要等到各种是非的声音传入耳朵，这个时候，以前的恩情与友爱变成了仇恨与埋怨。

【札记】

人情有反复，缘来有冷暖。

缘去暖变冷，暖时别膨胀。

冷时求诸己，是人多福报。

願如兔健
步加餐
長壽年
九十五歲
白石

七十七

触[1]来莫与说，事过心清凉。

——《增广贤文》

【意译】

有时面对外界的刺激、干扰，并不一定要宣之于口，等事情过去了也就没事了，内心也不会受到困扰。

【札记】

有些事如果不当一回事，不管是大事小事，就根本不是事。

① 触：这里指外界的刺激或干扰。

七十八

忍得一时之气，免得百日之忧。

近来学得乌龟法，得缩头时且缩头。

——《增广贤文》

【意译】

如果能够忍得一时半刻之气，可以免却长时间的忧愁和祸患。当有些事情临近时，要向乌龟学习，该避让时要避让，不要逞一时之勇。

【札记】

该出手时就出手，不该出手时且收手，人生需有大勇，亦需有大智。

七十九

今朝有酒今朝醉，明日愁来明日忧。

——《增广贤文》

【意译】

好好品尝眼前美酒，明天的忧愁明天再说，不要因为未来的不确定性，而荒废了眼前的美好时光。这句话本意是劝解人们活在真实当下，不要过度忧虑还未发生的事情，却常常被消极颓废懒惰的人当作逃避现实、不积极进取的借口。

【札记】

今朝有酒今朝醉，醉死活该；

明日愁来明日忧，还得面对。

八十

力微休负重，言轻莫劝人。

——《增广贤文》

【意译】

如果自己的力气太小，就不要担负过重的物品。如果自己的言语分量不够，不要去随意劝说他人。

【札记】

量力而行可自保，不自量力招人嫌。

八十一

天地尚无停息，日月且有盈亏，况区区人世，能事事圆满而时时暇逸乎？只是向忙里偷闲，遇缺处知足，则操纵在我，作息自如，即造物不得与之论劳逸较亏盈矣！

——《菜根谭》

【意译】

天地运行从来没有停息过，太阳月亮都会有圆缺的时候，何况区区人世间，又怎能事事圆满如意，时时悠闲自在？活着，只要能在忙碌中偷点空闲，遇到不圆满的事情心里知足，那么生活就操控在自己手上，即便是造物主也不能干涉我是劳苦还是安逸、计较亏虚还是盈满！

【札记】

想开了，天地才宽广，因为除了自己还有全世界！

放下了，才活得潇洒，因为没有太多牵挂！

丢掉了，才轻松自在，因为这世界没有自己也挺好！

停下来，才知道富足，自己原来已经拥有太多太多！

八十二

为乡邻解纷争，使得和好如初，即化人之事也；

为世俗谈因果，使知报应不爽，亦劝善之方也。

——《围炉夜话》

【意译】

平时为乡民邻里之间化解纠纷矛盾，使他们恢复友好的关系，是感化教育人的好事；为一般人讲一些事物的因果关系，让他们知道有因就有果，有果就有因，明白因果报应不爽的道理，也是劝导人心向善的方法。

【札记】

没有足够的德行，好事也会办成坏事；

自己先有一桶水，才能给别人一杯水。

八十三

多记先正格言，胸中方有主宰；

闲看他人行事，眼前即是规箴。

——《围炉夜话》

【意译】

平时多记忆古时贤人留下的格言，领会这些有教育意义的话语，心中才有为人处世的准则；有空的时候留意别人的做事方式方法，要知道眼前所看到的就是是非成败的告诫劝勉。

【札记】

看书看人看世界，处处是文章；

听歌听曲听风雨，声声是法音。

八十四

但患我不可济人，休患我不能济人；

须使人不忍欺我，勿使人不敢欺我。

——《围炉夜话》

【意译】

就怕自己不肯发善心帮助人，不怕自己没有能力帮助人；要让他人因为自己的德行而不忍心欺负自己，不要让他人因为心存畏惧而不敢欺负自己。

【札记】

发善心布施者，大事小事都是事，做善事不分远近；

德行智慧高者，为人处事无破绽，恶人无可乘之机。

八十五

人虽无艰难之时，却不可忘艰难之境；

世虽有侥幸之事，断不可存侥幸之心。

——《围炉夜话》

【意译】

一个人如果生活中长时间风平浪静，不要忘记人生无常，还存在艰难困苦的境遇；世界上虽然有一时走运的事情，万万不可以有侥幸的心态，将人生寄托于运气和巧合。

【札记】

人生如走崖路钢索，需时时警惕；

生活如有好事发生，勿常态视之。

八十六

淡中交耐久，静里寿延长。

——《围炉夜话》

【意译】

人与人之间，往往平淡如水般的交往更加持久，能经得住时间的考验；一个人如果能够无论世事如何变化，内心都保持平静安然，这样寿命更长。

【札记】

人情重，关系铁；人情淡，关系疏。

心浮躁，行拂乱；心宁静，行稳重。

八十七

彩笔描空，笔不落色，而空亦不受染；

利刀割水，刀不损锷，而水亦不留痕。

得此意以持身涉世，感与应俱适，心与境两忘矣。

——《菜根谭》

【意译】

用彩笔在空中描绘，笔上的颜色不会在眼前的空中成形，而空中也不会因此被颜色所沾染；

用锋利的刀去切割水，刀刃不会受损，而水中也不会留下刀切割的痕迹。

领会秉持其中的含义来为人处世，如此涉世才身心舒适，不会与外界相违，身心内外不染俗尘。

【札记】

彩笔描空，笔不落色空亦不染；

利刀割水，刀不损锋水不留痕。

会得此意持身涉世，感应俱适心境两忘。

主要参考文献

1. 陈才俊 . 菜根谭全集（附录《反菜根谭》）[M]. 北京：海潮出版社，2007

2. 洪应明 . 菜根谭（明）[M]. 北京：中华书局，2015

3. 成敏译注 . 小窗幽记 [M]. 北京：中华书局，2016

4. 张德建译注 . 围炉夜话 [M]. 北京：中华书局，2016

5. 刘承沅编 . 增广贤文 [M]. 北京：中国少年儿童出版社，2014